高等职业教育机电类专业系列教材

电梯控制与故障分析

杨 晨 主编

张菲菲 葛昊璞 副主编

科学出版社

北京

内 容 简 介

本书以电梯控制及其故障分析为主要内容，介绍了电梯控制系统的发展过程及电梯工作过程中存在的各种故障现象及处理方法。本书系统地论述了电梯电气控制系统、电梯继电接触器控制系统、电梯 PLC 控制系统、电梯微机控制系统的构成和工作原理，电梯故障诊断与检修，以及自动扶梯的知识，同时从实际出发，以迅达、奥的斯、三菱的电梯为例，对故障现象、故障分析及故障排除作了详细说明。

本书内容难度适宜，实用性强，可作为高职院校、大专院校、成人高校等机电类专业的教学用书，也可供相关专业的学生学习使用，还可供电梯维修技术人员学习参考。

图书在版编目（CIP）数据

电梯控制与故障分析/杨晨主编. —北京：科学出版社，2017

（高等职业教育机电类专业系列教材）

ISBN 978-7-03-052360-0

Ⅰ.①电⋯ Ⅱ.①杨⋯ Ⅲ.①电梯-电气控制-高等职业教育-教材 ②电梯-故障诊断-高等职业教育-教材 Ⅳ.①TU857

中国版本图书馆 CIP 数据核字（2017）第 054688 号

责任编辑：万瑞达 / 责任校对：陶丽荣
责任印制：吕春珉 / 封面设计：曹 来

科学出版社 出版

北京东黄城根北街 16 号
邮政编码：100717
http://www.sciencep.com

新科印刷有限公司 印刷

科学出版社发行　各地新华书店经销

*

2017 年 5 月第 一 版　开本：787×1092　1/16
2022 年 8 月第四次印刷　印张：11 3/4
字数：280 000

定价：32.00 元

（如有印装质量问题，我社负责调换〈新科〉）
销售部电话 010-62136230　编辑部电话 010-62135120-2001（VA03）

版权所有，侵权必究

举报电话：010-64030229；010-64034315；13501151303

前　言

随着我国经济的飞速发展，大量高层建筑不断拔地而起，电梯作为其中最基本的交通运输工具被广泛应用，电梯的使用加快了人们的生活节奏，提高了人们的生活质量，同时推动了国民经济的发展。电梯的舒适性、便捷性和安全性很大程度上取决于作为电梯核心基础的控制系统的水准，因此，加强对电梯控制系统的学习是必不可少的。

据最新行业数据表明，在电梯故障中，电气系统故障所占的比例高达85%～90%，成为电梯最主要的故障类型。因此有必要对电梯电气故障进行分析探讨，以利于安装维护和检验检测工作的正常进行，方便人们的日常生活。

本书内容分为5章，主要内容集中在第2～4章，其中第2章主要讲解了电梯不同时期的不同电气控制方式，第3章主要讲解了电梯故障的分析诊断和检修方法，第4章以不同品牌的电梯为例，实际分析了电梯使用过程中可能出现的事故及诊断维修方法。另外，第1章和第5章分别介绍了电梯和自动扶梯的相关知识。

本书由杨晨担任主编，张菲菲、葛昊璞担任副主编。本书第1、2章由张菲菲编写，第3章及附录由葛昊璞编写，第4、5章由杨晨编写。在编写本书的过程中，参考了部分网络上的电梯事故案例，在此对相关作者一并表示感谢。

由于编者水平有限，加之时间仓促，书中不妥及疏漏之处在所难免，敬请读者批评指正。

编　者

目 录

第1章 电梯概述 1
   1.1 电梯的起源和控制技术发展趋势 1
      1.1.1 电梯的起源 1
      1.1.2 电梯的控制技术发展趋势 2
   1.2 电梯的基本知识 4
      1.2.1 电梯的定义与分类 4
      1.2.2 电梯型号、参数 6
      1.2.3 电梯的基本结构 9
   思考题 10

第2章 电梯的电气控制系统 12
   2.1 电梯电气控制系统的构成 12
      2.1.1 电梯电气控制系统的类型 12
      2.1.2 电梯电气控制系统的主要组成 14
      2.1.3 电梯典型控制流程 18
   2.2 电梯的继电接触器控制系统 20
      2.2.1 交流双速电梯的起动、制动运行电路 21
      2.2.2 自动开关门电路 22
      2.2.3 指层电路 24
      2.2.4 轿厢内指令电路 26
      2.2.5 层站召唤电路 29
      2.2.6 定向选层电路及换速控制电路 32
      2.2.7 平层控制电路 38
   2.3 电梯的PLC控制系统 40
      2.3.1 PLC的输入系统 42
      2.3.2 PLC的输出系统 47
      2.3.3 PLC 4层电梯控制 52
   2.4 电梯的微机控制系统 59
      2.4.1 电梯的单片机控制系统 59
      2.4.2 电梯的多微机控制系统 69
   2.5 电梯一体化控制系统 87

思考题 ... 88

第3章 电梯故障诊断与检修 ... 89

3.1 电梯的相关操作 ... 89
3.2 电梯诊断与检修注意事项 ... 90
3.2.1 诊断与检修前的准备 ... 90
3.2.2 诊断与检修中的注意事项 ... 92
3.2.3 诊断与检修后应注意的问题 ... 95
3.3 电梯机械故障的诊断与检修 ... 95
3.3.1 电梯机械故障类型 ... 95
3.3.2 电梯机械故障形成原因 ... 96
3.3.3 常见电梯机械故障的诊断与检修 ... 97
3.4 电梯电气故障的诊断与检修 ... 120
3.4.1 电梯电气故障类型 ... 120
3.4.2 电梯电气故障形成原因 ... 121
3.4.3 常见电梯电气故障的诊断与检修 ... 123
思考题 ... 130

第4章 主要品牌电梯故障检修实例 ... 132

4.1 迅达系列电梯故障检修实例 ... 132
4.1.1 迅达电梯概述 ... 132
4.1.2 迅达电梯的运行调试 ... 133
4.1.3 迅达电梯故障及排除 ... 135
4.2 奥的斯系列电梯故障检修实例 ... 138
4.2.1 奥的斯电梯概述 ... 138
4.2.2 奥的斯电梯的运行调试 ... 141
4.2.3 奥的斯电梯故障及排除 ... 148
4.3 三菱系列电梯故障检修实例 ... 153
4.3.1 三菱电梯概述 ... 153
4.3.2 三菱电梯的运行调试 ... 156
4.3.3 三菱电梯故障及排除 ... 159
思考题 ... 163

第5章 自动扶梯 ... 164

5.1 自动扶梯的基本知识 ... 164
5.1.1 自动扶梯的定义与分类 ... 164

5.1.2　自动扶梯的参数及基本名词 …………………………………………… 165
5.2　自动扶梯故障的诊断与检修 …………………………………………………… 168
　　5.2.1　自动扶梯机械故障类型 ………………………………………………… 168
　　5.2.2　自动扶梯机械故障的形成原因及简单排除方法 ……………………… 168
　　5.2.3　自动扶梯电气故障类型 ………………………………………………… 170
　　5.2.4　自动扶梯电气故障的形成原因及简单排除方法 ……………………… 170
　　5.2.5　自动扶梯故障的诊断与检修 …………………………………………… 172
思考题 …………………………………………………………………………………… 174

附录　变频变压电梯电气元器件代号明细表 ……………………………………… 175

参考文献 ………………………………………………………………………………… 177

第1章 电梯概述

1.1 电梯的起源和控制技术发展趋势

1.1.1 电梯的起源

电梯是现代化城市必备的垂直交通运输工具,并且已经成为人们生活中不可缺少的代步工具。电梯的发展大体上可分为以下5个阶段。

(1) 13世纪前的绞车阶段

很久以前,人们就开始使用一些原始的升降工具运送人和货物。公元前1115~前1079年间,我国劳动人民发明了辘轳。它采用卷筒的回转运动完成升降动作,因而增加了提升物品的高度。公元前236年,希腊数学家阿基米德设计制作了由绞车和滑轮组构成的起重装置。这些升降工具的驱动力一般是人力或畜力。

(2) 19世纪前半叶的升降机阶段

19世纪初,欧美开始使用蒸汽作为升降工具的动力。1835年,英国出现了以蒸汽为动力的升降机;1845年,英国人汤姆森研制出了以水为介质的液压驱动升降机。这个时期,升降机以液压或气压为动力,安全性和可靠性还无保障,较少用于载人。

(3) 19世纪后半叶的升降机阶段

1852年,美国工程师奥的斯在总结前人经验的基础上制成了世界上第一台安全升降机;1857年,世界上第一台客运电梯问世,为不断升高的高楼提供了重要的垂直运输工具。

(4) 1889年电梯出现之后的阶段

1889年12月,奥的斯公司研制出电力拖动的升降机——真正的电梯,安装在美国纽约市Demarest大楼中,运行速度为0.5m/s。它采用直流电动机驱动,通过蜗轮减速器带动卷筒上缠绕的绳索,悬挂并升降轿厢。此后,大量的电梯技术出现了,这一阶段一直持续到20世纪70年代中期。

(5) 现代电梯阶段

从1975年开始的阶段称为现代电梯阶段,这个阶段以计算机、群控和集成块为特征,配合超高层建筑的需要,向高速、双层轿厢、无机房等多方面的新技术方向迅猛发展,电梯系统成为楼宇自动化的一个重要子系统。

1.1.2 电梯的控制技术发展趋势

1. 拖动控制技术方面

在拖动控制技术方面，电梯的发展经历了直流电动机拖动控制、交流单速电动机拖动控制、交流双速电动机拖动控制、直流有齿轮调速拖动控制、无齿轮调速拖动控制、交流调压调速拖动控制、交流变压变频调速拖动控制、交流永磁同步电动机变频调速拖动控制等阶段。电梯拖动控制技术不断成熟，加之电子技术、计算机技术、自动控制技术在电梯中的广泛应用，使电梯在运行的可靠性、安全性、舒适感、平层精度、运行速度、节能降耗、减少噪声等方面都有了极大改善。目前，使用广泛且技术较为先进的电梯拖动控制系统是交流变压变频调速拖动控制系统，其最高运行速度可达到16m/s。

19世纪末，直流电梯的出现使电梯的运行性能明显改善。20世纪初，开始出现交流感应电动机驱动的电梯，后来槽轮式（即曳引式）驱动的电梯代替了鼓轮卷筒式驱动的电梯，为长行程和具有高度安全性的现代电梯奠定了基础。早期的交流电动机拖动系统受技术所限，不能灵活调速，仅在对调速性能要求不高的场合才采用。

20世纪上半叶，直流调速系统在中、高速电梯中占有较大比例。1967年，晶闸管用于电梯驱动，出现了交流调压调速驱动控制的电梯。1983年，出现了变压变频控制的电梯。交流调压调速系统和交流变压变频调速系统使交流调速系统的性能得到明显改善，而交流感应电动机的结构简单、运行可靠、价格便宜，因此，高性能的交流调速系统得到了越来越广泛的应用，出现了可调速的交流电动机拖动系统取代直流电动机拖动系统的趋势。目前，除了少数大容量电梯仍然采用直流电动机拖动系统以外，大部分电梯采用交流电动机拖动系统。

1996年，交流永磁同步无齿轮曳引机驱动的无机房电梯出现，使电梯技术又一次革新。这种电梯由于曳引机和控制柜置于井道中，因此省去了独立机房，节约了建筑成本，增加了大楼的有效面积，提高了大楼建筑美学的设计自由度。这种电梯还具有节能、无油污染、免维护和安全性高等特点，目前已成为电梯技术发展的重要方向。

2. 操作控制方式方面

在操纵控制方式方面，电梯的发展经历了手柄开关操纵、按钮控制、信号控制、集选控制等过程，对于多台电梯，出现了并联控制、智能群控等。

1982年，美国奥的斯公司开始采用按钮操纵装置，取代传统的轿厢内拉动绳索的操纵方式，为操纵方式现代化开了先河。1902年，瑞士迅达电梯公司开发了自动按钮控制的乘客电梯；1915年，瑞士迅达电梯公司制造出了微调节自动平层电梯。1924年，奥的斯公司在纽约新建的标准石油公司大楼安装了第一台信号控制的电梯，这是一种自动化程度较高的有司机电梯；1928年，奥的斯公司开发并安装了集选控制电梯；1946年，奥的斯公司设计了群控电梯；1949年，首批群控电梯安装于纽约联合国大厦。

3. 我国电梯行业的发展

我国最早的一部电梯由美国奥的斯公司于 1901 年安装在上海。100 多年来，中国电梯行业的发展经历了以下几个阶段。

（1）对进口电梯的销售、安装、维护保养阶段（1900～1949 年）

自第一部电梯在上海出现开始，1931 年，在上海开办了我国第一家从事电梯安装、维修业务的电梯工程企业；1935 年，在位于上海南京路、西藏路交口的 9 层的大新公司大楼（现为上海第一百货商店）安装了我国最早的轮带式单人自动扶梯。这一阶段我国电梯拥有量仅约 1100 台，全部是美国等西方国家制造的。

（2）独立自主，艰苦研制、生产阶段（1950～1979 年）

这一阶段，我国先后在上海、天津、沈阳、西安、北京、广州建立了 8 家电梯制造厂，并成立了有关的科研机构，在有关院校开办相关的专业培养技术人才，独立自主制造各类电梯产品，如交流货梯、客梯，直流快速、高速客梯等。国产的电梯产品装备了人民大会堂、北京饭店等场所。20 世纪 60 年代开始，批量生产自动扶梯和自动人行道，装备了首都机场（自动人行道）、北京地铁（自动扶梯）等。

（3）建立三资企业，行业快速发展阶段（自 1980 年至今）

1980 年 7 月 4 日，中国建筑机械总公司、瑞士迅达股份有限公司、香港怡和迅达（远东）股份有限公司三方合资组建中国迅达电梯有限公司。此后，中国电梯行业相继掀起了引进外资的热潮，国外先进的电梯技术、电梯制造工艺与设备、先进的科学管理方法，使我国的电梯制造业迅速成长为集研发、生产、销售、安装、服务五位一体的高新科技产业。

150 多年来，电梯的颜色由黑白到彩色，样式由直式到斜式，在操纵控制方面更是步步出新——手柄开关操纵、按钮控制、信号控制、集选控制、人机对话等，多台电梯还出现了并联控制、智能群控；双层轿厢电梯展示出节省井道空间、提升运输能力的优势；变速式自动人行道扶梯的出现大大节省了行人的时间；不同外形——扇形、三角形、半菱形、半圆形、整圆形的观光电梯则使身处其中的乘客的视线不再封闭。如今，世界各国的电梯公司还在不断地进行电梯新品的研发工作，调频门控、智能远程监控、主机节能、控制柜低噪声、耐用、符合钢带环保等，款款集纳了人类在机械、电子、光学等领域最新科研成果的新型电梯竞相问世，冷冰冰的建筑因此散射出人性的光辉，人们的生活因此变得更加美好。

我国的电梯行业发展历史不长，1979 年以前我国电梯总产量约为 10000 台，2016 年我国电梯产量达 63.8 万台，电梯产业的飞速发展带动了电梯控制系统的发展。

1.2　电梯的基本知识

1.2.1　电梯的定义与分类

1. 电梯的定义

国家标准 GB/T 7024—2008《电梯、自动扶梯、自动人行道术语》中的电梯定义：电梯（Lift、Elevator），服务于建筑物内若干特定的楼层，其轿厢运行在至少两列垂直于水平面或与铅垂线倾斜角小于 15°的刚性导轨之间的永久运输设备。电梯的轿厢尺寸与结构形式应便于乘客出入或装卸货物。

根据上述定义，我们平时在商场、车站见到的自动扶梯和自动人行道并不能被称为电梯，它们只是垂直运输设备中的一个分支或扩充。

2. 电梯的分类

根据建筑的高度、用途及客流量（或物流量）的不同，电梯可分为多种类型。目前电梯的基本分类方法大致如下。

（1）按驱动方式分类

1）曳引驱动电梯：提升绳靠主机的驱动轮绳槽的摩擦力驱动的电梯。现用电梯大多采用此形式。

2）强制驱动电梯：用链或钢丝绳悬吊的非摩擦方式驱动的电梯。强制驱动包括卷筒驱动。

3）齿轮齿条驱动电梯：由电动机带动齿轮旋转，齿轮与齿条啮合带动轿厢或梯级的运行。

（2）按用途分类

1）乘客电梯：为运送乘客而设计的电梯，必须有十分可靠的安全装置。

2）载货电梯：主要为运送货物而设计的电梯，通常有人伴随，有必要的安全保护装置。

3）客货两用电梯：主要用作运送乘客的电梯，但也可以运送货物。它与乘客电梯的区别在于轿厢内部装饰结构和使用场合不同。

4）病床电梯：为运送医院病人及其病床而设计的电梯，其轿厢具有窄而长的特点。

5）杂物电梯：供图书馆、办公楼、饭店运送图书、文件、食品等，轿厢内不允许人员进入的小型运货电梯。国家标准规定它的轿厢尺寸不大于 1m×1m×1.2m。

6）观光电梯：轿厢壁透明，供乘客浏览观光建筑物周围外景的电梯。

7）汽车电梯：专门用于运输汽车的电梯。其特点是大轿厢、大载重量。

8）船用电梯：安装在船舶上的电梯，能在船舶正常摇晃中运行。

9) 住宅电梯：供住宅楼使用，主要运送乘客，也可运送家用物件或其他生活物品。

10) 其他类型的电梯：除上述常用电梯外，还有些特殊用途的电梯，如冷库电梯、防爆电梯、矿井电梯、电站电梯、消防员电梯等。

(3) 按额定速度分类

电梯无严格的速度分类，我国习惯上将其分为如下几类：

1) 低速电梯。

2) 中速电梯。

3) 高速电梯。

4) 超高速电梯。

随着电梯技术的不断发展，电梯速度越来越高，区别高、中、低速电梯的速度限值也在相应提高。

(4) 按控制方式分类

1) 手柄操纵控制电梯：司机在轿厢内控制操纵盘手柄开关，实现电梯的起动、上升下降、平层、停止。

2) 按钮控制电梯：一种简单的自动控制电梯，具有自动平层功能，常见的有轿外按钮控制、轿内按钮控制两种控制方式。操纵层门外侧按钮或轿厢内按钮，均可实现使轿厢停靠层站的控制。

3) 信号控制电梯：这是一种自动控制程度较高的有司机电梯。除具有自动平层、自动开门功能外，还具有轿厢命令登记、层站召唤登记、自动停层、顺向截停和自动换向等功能。信号控制是将层门外上下召唤信号、轿厢内选层信号和其他专用信号加以综合分析判断，由电梯司机操纵轿厢运行的控制。

4) 集选控制电梯：一种在信号控制基础上发展起来的全自动控制的电梯，与信号控制的主要区别在于能实现无司机操纵。集选控制是将各种信号加以综合分析，自动决定轿厢运行的无司机控制。

5) 并联控制电梯：2~3台电梯的控制线路并联起来进行逻辑控制，共用层门外召唤信号，按规定顺序自动调度，确定其运行状态的控制。

6) 群控电梯：用微机控制和统一调度多台集中并列的电梯。群控有梯群的程序控制、梯群的智能控制等形式。对于集中排列的多台电梯，共用层门外按钮，按规定程序进行集中调度和控制。

(5) 按电梯有无司机分类

1) 有司机电梯：电梯的运行由专职司机操纵来完成。

2) 无司机电梯：乘客进入电梯轿厢，按下操纵盘上所需要去的层楼按钮，电梯自动运行到达目的层楼，这类电梯一般具有集选功能。

3) 有/无司机电梯：这类电梯可变换控制电路，平时由乘客操纵，如遇客流量大或必要时改由司机操纵。

（6）其他分类方式

1）按机房位置分类，有机房在井道顶部的（上机房）电梯、机房在井道底部旁侧的（下机房）电梯，以及机房在井道内部的（无机房）电梯。

2）按轿厢尺寸分类，经常使用"小型""超大型"等抽象词汇表示。此外，还有双层轿厢电梯等。

1.2.2 电梯型号、参数

1. 电梯型号编制规定

电梯的型号就是采用一组字母和数字，以简明的方式把电梯基本规格表示出来。

电梯、液压梯产品的型号由其类、组、型代号和改型代号，主参数代号和控制方式代号三部分组成。第二、三部分之间用短线隔开。产品型号代号顺序如图1-1所示。

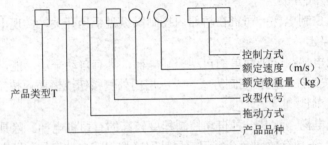

图1-1 产品型号代号顺序

第一部分：类、组、型代号和改型代号。类、组、型代号用具有代表意义的大写汉语拼音首字母表示，产品的改型代号按顺序用小写汉语拼音字母表示，置于类、组、型代号的右方。

第二部分：主参数代号，其左方为电梯的额定载重量，右方为额定速度，中间用斜线分开，均用阿拉伯数字表示。

第三部分：控制方式代号，用具有代表意义的大写汉语拼音首字母表示。

电梯产品的类别、品种、拖动方式、主参数、控制方式的代号分别如下。

（1）电梯类别代号

电梯类别代号见表1-1。

表1-1 类别代号

产品类别	代表汉字	拼音	采用代号
电梯	梯	TI	T
液压梯			

（2）品种（组）代号

品种（组）代号见表1-2。

表1-2 品种(组)代号

产品类别	代表汉字	拼音	采用代号
乘客电梯	客	KE	K
载货电梯	货	HUO	H
客货两用电梯	两	LIANG	L
病床电梯	病	BING	B
住宅电梯	住	ZHU	Z
杂物电梯	物	WU	W
船用电梯	船	CHUAN	C
观光电梯	观	GUAN	G
汽车用电梯	汽	QI	Q

(3) 拖动方式(型)代号

拖动方式(型)代号见表1-3。

表1-3 拖动方式(型)代号

拖动方式	代表汉字	拼音	采用代号
交流	交	JIAO	J
直流	直	ZHI	Z
液压	液	YE	Y

(4) 主参数表示代号

主参数表示代号见表1-4。

表1-4 主参数表示代号

额定载重量/kg	表示	额定速度/(m/s)	表示
400	400	0.63	0.63
600	600	1.0	1
800	800	1.6	1.6
1000	1000	2.5	2.5

(5) 控制方式代号

控制方式代号见表1-5。

表1-5 控制方式代号

控制方式	代表汉字	采用代号
手柄开关控制、自动门	手、自	SZ
手柄开关控制、手动门	手、手	SS
按钮控制、自动门	按、自	AZ
按钮控制、手动门	按、手	AS

续表

控制方式	代表汉字	采用代号
信号控制	信号	XH
集选控制	集选	JX
并联控制	并联	BL
梯群控制	群控	QK

2. 产品型号举例说明

1）TKZ1000/1.6-JX 表示直流乘客电梯，额定载重量 1000kg，额定速度为 1.6m/s，集选控制。

2）TKJ1000/1.6-JX 表示交流调速乘客电梯，额定载重量 1000kg，额定速度为 1.6m/s，集选控制。

3）THY1000/0.63-AZ 表示液压载货电梯，额定载重量 1000kg，额定速度为 0.63m/s，按钮控制、自动门。

3. 电梯的主要参数和基本规格

（1）电梯的主要参数

1）额定载重量，即电梯设计所规定的轿厢内最大载荷。乘客电梯、客货两用电梯、病床电梯的额定载重量通常采用 320kg、400kg、630kg、800kg、1000kg、1250kg、1600kg、2000kg、2500kg 等系列，载货电梯的额定载重量通常采用 630kg、1000kg、1600kg、2000kg、3000kg、5000kg 等系列，杂物电梯的额定载重量通常采用 40kg、100kg、250kg 等系列。

2）额定速度，即电梯设计所规定的轿厢运行速度。相关标准推荐乘客电梯、客货两用电梯、病床电梯的额定速度采用 0.63m/s、1.00m/s、1.60m/s、2.50m/s 等系列，载货电梯的额定速度采用 0.25m/s、0.40m/s、0.63m/s、1.00m/s 等系列，杂物电梯的额定速度采用 0.25m/s、0.40m/s 等系列。在实际使用中还可采用 0.50m/s、1.50m/s、1.75m/s、2.00 m/s、4.00 m/s、6.00 m/s 等系列。

（2）电梯的基本规格

电梯的基本规格由以下参数组成。

1）电梯的类型：乘客电梯、载货电梯、病床电梯等，表明电梯的服务对象。

2）电梯的主参数：包括电梯额定载重量、额定速度。

3）驱动方式：直流驱动、交流单速驱动、交流双速驱动、交流调压驱动、交流变压变频驱动、永磁同步电动机驱动、液压驱动等。

4）操纵控制方式：手柄开关操纵、按钮控制、信号控制、集选控制、并联控制、群控等。

5）轿厢形式与轿厢尺寸：轿厢有无双面开门的特殊要求，以及轿厢顶、轿厢壁、轿厢底的特殊要求。轿厢尺寸有内部尺寸和外廓尺寸，以宽×深×高表示。内部尺寸根据电梯的类型和额定载重量确定，外廓尺寸关系到井道设计。

6）井道形式与尺寸：即井道是封闭式的还是空格式的，井道尺寸以宽×深表示。

7）厅轿门形式：按开门方式可分为中分式、旁开式、直分式等，按控制方式可分为手动开关门、自动开关门等。

8）开门宽度与开门方向：开门宽度是指厅轿门完全开启时的净宽度。根据开门方向确定左开门或右开门。

9）层站数：电梯运行其中的建筑的层楼称为层，各层楼用以进出轿厢的地点称为站。

10）提升高度和井道高度。

11）顶层高度和底坑深度。

12）机房形式：上机房、下机房、无机房等。

1.2.3 电梯的基本结构

电梯的结构按空间布局可分为4部分：机房、井道、轿厢、层站。其中，机房指安装曳引机和有关设备的房间；井道指为轿厢和对重装置而设置的空间；轿厢指运载乘客或其他载荷的部件；层站指电梯在各楼层的停靠站，是乘客出入电梯的地方。按功能区分，电梯可又分为8大系统，分别是曳引系统、导向系统、轿厢、门系统、重量平衡系统、电力拖动系统、电气控制系统、安全保护系统，见表1-6。

表1-6 电梯8大系统功能表

系统名称	功能	组成的主要部件与装置
曳引系统	输出与传递功能，驱动电梯运行	曳引机、曳引钢丝绳、导向轮、反绳轮等
导向系统	限制轿厢和对重的活动自由度，使轿厢和对重只能沿着导轨上、下运动	轿厢的导轨、对重的导轨及其导轨架
轿厢	用以运送乘客和（或）货物的组件，是电梯的工作部分	轿厢架和轿厢体
门系统	乘客或货物的进出口，是保证电梯安全运行必不可少的部分	轿门、层门、开门机、联动机构、门锁等
重量平衡系统	相对平衡轿厢重量及补偿高层电梯中曳引绳长度的影响	对重和重量补偿装置等
电力拖动系统	提供动力，对电梯实行速度控制	供电系统、曳引电动机、速度反馈装置、电动机调速装置等
电气控制系统	对电梯的运行实行操纵和控制	操纵装置、位置显示装置、控制屏（柜）、平层装置、选层器等
安全保护系统	保证电梯安全使用，防止一切危及人身安全的事故发生	机械方面有限速器、安全钳、缓冲器等；电气方面有超速保护装置，供电系统断相、错相保护装置，端站保护装置，超越上、下极限工作位置的保护装置，层门锁和轿门电气联锁装置等

电梯的结构图及各部件的安装位置如图1-2所示。

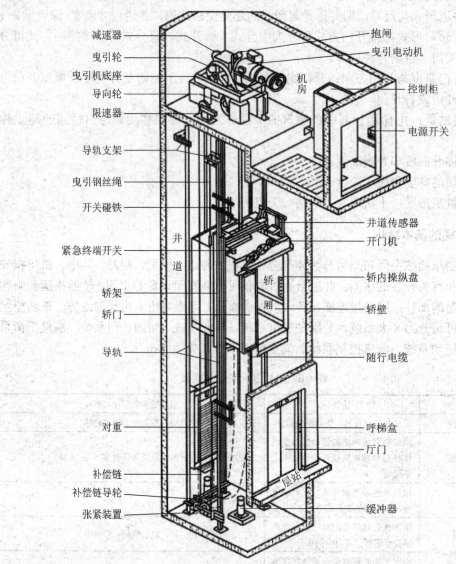

图1-2 电梯整体结构图

思 考 题

1. 简述电梯技术的发展。
2. 简述电梯拖动系统的种类。

3. 简述电梯的定义及分类。
4. 说明如何分辨电梯的型号和参数。
5. 电梯的基本规格有哪些?
6. 说明电梯的基本结构。

第 2 章　电梯的电气控制系统

电梯的电气控制系统主要是指对电梯主曳引电动机和门机的起动、运行方向、减速、停止的控制,以及对每层站显示、层站召唤、轿内指令、安全保护等指令信号进行管理。电气控制系统由控制柜、操控箱、指层灯箱、召唤箱、限位装置、换速平层装置、轿顶检修箱等十几个部件,以及曳引电动机、制动器线圈、开/关门电动机及开/关门调速开关、极限开关等几十个分散安装在电梯井道内外和各相关电梯部件中的电气元件构成。

电梯是机电一体化的设备。电梯的电气控制系统与机械系统比较,变化范围比较大。当一台电梯的类别、额定载重量和额定运行速度确定之后,机械系统各零部件就基本确定了。而电梯的电气控制系统则有比较大的选择范围,必须根据电梯安装使用的地点和乘载对象来进行认真的选择,才能最大限度地发挥电梯的使用效益。

电梯的电气控制系统决定电梯的性能、自动化程度和运行的可靠性。随着科学技术的发展和技术引进工作的进一步展开,电梯的电气控制系统更新换代迅速。新的电气控制系统和拖动系统的出现,不但改善了电梯的性能,而且提高了电梯的运行可靠性,使我国的电梯工业提高到一个新的水平,基本上实现了乘用电梯安全、可靠、舒适的愿望。

2.1　电梯电气控制系统的构成

2.1.1　电梯电气控制系统的类型

控制系统的功能与性能决定电梯的自动化程度和运行性能。微电子技术、交流调速理论和电力电子学的迅速发展及广泛应用,提高了电梯控制的技术水平和可靠性。电梯的控制系统主要有继电接触器控制系统、可编程序控制器(PLC)控制系统,以及微机控制系统等。

1. 继电接触器控制系统

继电接触器控制系统工作原理简明易懂、线路直观、易于掌握。继电器通过触点断合进行逻辑判断和运算,进而控制电梯的运行。由于触点易受电弧损害,寿命短,因此继电器控制的电梯的故障率较高,具有维修工作量大、设备体积大、动作速度慢、控制功能少、接线复杂、通用性与灵活性较差等缺点。对于不同的层楼和不同的控制要求,其原理图、接线图等必须重新设计和绘制。因此继电接触器控制系统已逐渐被可靠性高、通用性强的 PLC 控制系统及微机控制系统所代替。

2. PLC 控制系统

PLC 是以微处理器为核心的工业控制器。它的基本结构由中央处理器（CPU）、输入/输出（I/O）模块、存储器、编程器等组成。与微机相比，它具有下述主要特点。

1）编程方便，易懂好学。PLC 虽然采用了计算机技术，但许多基本指令类似于逻辑代数的与、或、非运算，即电气控制的触点串联、并联等。程序编写采用与继电接触控制原理图相似的梯形图，因而编程语言形象直观。

2）抗干扰能力强，可靠性高。PLC 的结构采取了许多抗干扰措施，I/O 模块均有光电耦合电路，可在较恶劣的环境下工作。

3）构成应用系统灵活简便。PLC 的 CPU、I/O 模块和存储器组合为一体，根据控制要求可选择相应电路形式的 I/O 模块。PLC 用于电梯控制时，可将其看作内部由各种继电器及其触点、定时器、计数器等构成的控制装置。PLC 的输入可直接与 AC110V、DC24V 等信号相接，输出可直接驱动 AC220V、DC24V 的负载，无须再进行电平转换与光电隔离，因而可以方便地构成各种控制系统。

4）安装维护方便。PLC 本身具有自诊断和故障报警功能。当 I/O 模块有故障时，可方便地更换单个插入模块。

由于具有上述特点，PLC 很适合作为对安全性要求高，且以逻辑控制为主的电梯控制系统。目前国内已有多种类型的 PLC 控制电梯产品，而且众多的在用电梯已采用 PLC 进行技术改造。PLC 控制虽然没有微机控制功能多、灵活性强，但它综合了继电接触器控制与微机控制的许多优点，使用简便，易于维护。

目前电梯控制中常用的 PLC 有日本立石（OMROM）公司的 C20、C60P 及 C60H、C200H、CQM1 型机，三菱公司 FX0、FX2 系列 PLC，富士公司的 NB2 系列 NB2-90、NB2-56 PLC 等。

3. 微机控制系统

当代电梯技术发展的一个重要标志就是将微机应用于电梯控制。现在国内外主要电梯产品均以微机控制电梯产品为主。微机控制系统由 CPU（由运算器和控制器构成）、存储器、I/O 接口等主要部分组成。CPU 主要完成各种召唤信号处理、逻辑和算术运算、安全检查和故障判断，以及发出控制指令和速度指令等。存储器用于存放各种运行速度指令曲线数据、层楼数据、运行控制程序等。I/O 接口电路用于 CPU 与外部设备或电路的信号传送、电平转换，并通过光电耦合隔离外界干扰。微机应用于电梯控制系统的优势主要表现在下述几个方面。

1）用于召唤信号处理，完成各种逻辑判断和运算，取代继电器控制和机械结构复杂的选层器。微机控制系统的层楼数据和运行控制程序存入存储器，对于不同的层站和不同控制要求，只需更换或改写程序存储器和数据存储器，以及增加相应的 I/O 接口硬件插板即可，从而提高了系统的适应能力，增强了控制柜的通用性。

2）用于控制系统的调速装置，用数字控制取代模拟控制，由存储器提供多条可选择的理想速度指令曲线值,以适应不同的运行状态和控制要求。微机控制可实现调速系统大部分控制环节的功能,使系统有触点器件大大减少,设备体积减小。与模拟调速相比,微机控制可实现各种调速方案,便于提高运行性能与乘坐舒适感。

3)用于群梯控制管理,实行最优调配,可提高运行效率,减少候梯时间,节约能源。由PLC或微机实现继电器的逻辑控制功能,具有较大的灵活性,不同的控制方式可用相同的硬件,只是软件不同。只要把按钮、限位开关、光电开关、无触点行程开关等电气元件作为输入信号,把制动器、接触器等功率输出元件接到输出端,就基本完成了接线任务。当电梯的功能、层数变化时,通常无须增减继电器和改动大量外部线路,而只需修改控制程序。

2.1.2 电梯电气控制系统的主要组成

电气控制系统由控制柜、操纵箱、指层灯箱、召唤按钮箱、限位开关装置、换速平层装置、轿顶检修箱等十几个部件,以及曳引电动机、制动器线圈、开关门电动机及开关门调速装置、端站限位和极限开关等几十个分散安装在电梯井道内外和各相关电梯部件中的电气元件构成。

1. 控制柜

控制柜是电梯电气控制系统完成各种主要任务、实现各种性能的控制中心。控制柜由柜体和各种控制电气元件组成,如图2-1所示。

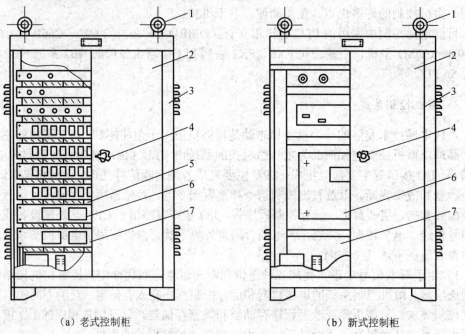

(a)老式控制柜　　　　　　(b)新式控制柜

图2-1　电梯控制柜

1—吊环;2—门;3—柜体;4—把手;5—过线板;6—电气元件;7—电气元件固定板

第 2 章　电梯的电气控制系统

控制柜中装配的电气元件，其数量和规格主要与电梯的停层站数、额定载荷、速度、拖动方式和控制方式等参数有关。不同参数的电梯，采用的控制柜不同。

2. 操纵箱

操纵箱一般位于轿厢内，是司机或乘客控制电梯上下运行的操作控制中心。操纵箱装置的电气元件与电梯的控制方式、停站层数有关，如图 2-2 所示。

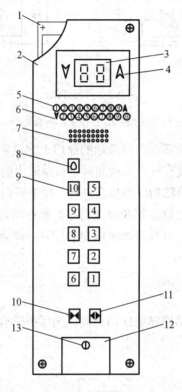

图 2-2　电梯操纵箱

1—底盒；2—面板；3—楼层显示；4—运行方向指示灯；5—厅外召唤指示灯；6—召唤方向指示；
7—蜂鸣器；8—警铃；9—轿内指令按钮；10—关门按钮；11—开门按钮；12—暗盒；13—暗盒锁

操纵箱上装配的电气元件通常包括下列几种：发送轿内指令任务、命令电梯起动和停靠层站的元件，如轿内手柄控制电梯的手柄开关，轿内按钮控制、轿外按钮控制、信号和集选控制电梯的轿内指令按钮，控制电梯工作状态的手指开关或钥匙开关，控制开关，急停按钮，电动开关门按钮，轿内照明灯开关，电风扇开关，蜂鸣器，外召唤信号所在位置指示灯，厅外召唤信号要求前往方向信号灯等。

但是近年来已出现操纵箱和指层箱合为一体的新型操纵指层箱，其暗盒内装设的元器件一般不让乘客接触，如照明灯开关、电梯状态控制开关等。

3. 指层灯箱

指层灯箱是给司机和轿内、外乘客提供电梯运行方向和所在位置指示灯信号的装置，如图2-3所示。

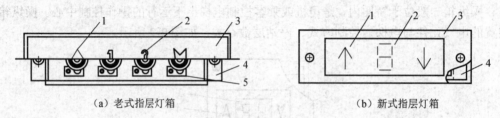

(a) 老式指层灯箱　　　　　　(b) 新式指层灯箱

图2-3　指层灯箱

1—上行箭头；2—层楼数；3—面板；4—底盒；5—指示灯

除杂物电梯外，一般电梯都在各停靠站的厅门上方设置指层灯箱。但是，当电梯的轿门为封闭门，而且轿门上没有开设监视窗时，在轿厢内的轿门上方也必须设置指层灯箱。位于厅门上方的指层灯箱称为厅外指层灯箱，位于轿门上方的指层灯箱称为轿内指层灯箱。同一台电梯的厅外指层灯箱和轿内指层灯箱在结构上是完全一样的。

近年来普遍把指层灯箱合并到轿内操纵箱和厅外召唤箱中，而且采用数码显示，既节能又耐用。

4. 召唤按钮（或触钮）箱

召唤按钮箱是设置在电梯停靠站厅门外侧，为厅外乘客提供召唤电梯服务的装置，如图2-4所示。

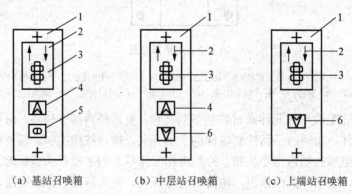

(a) 基站召唤箱　　　(b) 中层站召唤箱　　　(c) 上端站召唤箱

图2-4　电梯层站召唤箱

1—面板；2—运行方向指示灯；3—位置显示；4—上行召唤按钮；5—钥匙开关；6—下行召唤按钮

上端站只装设一只下行召唤按钮、下端站只装设一只上行召唤按钮的召唤按钮箱称为单钮召唤箱。若下端站同时作为基站，则召唤箱上还需加装一只厅外控制上班开门开放电梯和下班关门关闭电梯的钥匙开关。中层站则需装设含一只上行召唤按钮和一只下行召唤按钮的双钮召唤箱。近年来出现了召唤和电梯位置及运行方向合为一体的新式召唤指层箱。

5. 限位开关装置

为了确保司机、乘客、电梯设备的安全，在电梯的上端站和下端站处，设置了限制电梯运行区域的装置，称为限位开关装置。在国产电梯产品中，限位开关装置分为两种：适用于中低速梯的限位开关装置和适用于直流快速梯和高速梯的端站强迫减速装置（20世纪80年代末以前使用）。

6. 极限位置保护开关装置

常用的极限位置保护开关装置有以下两种：强制式极限位置保护开关装置和控制式极限位置保护开关装置。

强制式极限位置保护开关装置是一种在20世纪80年代中期以前用于交流双速电梯，作为当限位开关装置失灵，或其他原因造成轿厢超越端站楼面100～150mm的距离时，切断电梯主电源的安全装置。

控制式极限位置保护开关装置由行程开关和接触器结合构成，其结构较强制式极限位置保护开关相对简单，效果也比前者好。

7. 换速平层装置

换速平层装置是一般低速或快速电梯到达预定停靠站时，提前一定距离把快速运行切换为平层前慢速运行、平层时自动停靠的控制装置。常用的换速平层装置有以下几种：干簧管换速平层装置、双稳态开关换速平层装置、光电开关换速平层装置。

8. 底坑检修箱

底坑检修箱上装设的电气元件有急停按钮、底坑检修灯和两孔电源插座等。

9. 轿顶检修箱

轿顶检修箱位于轿厢顶上，以便于检修人员安全、可靠地检修电梯，如图2-5所示。

检修箱装设的电气元件一般包括控制电梯慢上慢下的按钮、电动开关门按钮、急停按钮、轿顶正常运行和检修运行的转换开关及轿顶检修灯开关等。

电梯控制与故障分析

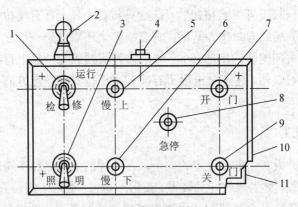

图 2-5 轿顶检修箱

1—运行检修转换开关；2—检修照明灯；3—检修照明灯开关；4—电源插座；5—慢上按钮；
6—慢下按钮；7—开门按钮；8—急停按钮；9—关门按钮；10—面板；11—底盒

2.1.3 电梯典型控制流程

1. 电梯上下行流程

电梯上下行流程图如图 2-6 所示。假设电梯停在 N（$N=1$，2，3，4）楼，M 楼有信号，$M>N$ 时，电梯上行；$M<N$ 时，电梯下行。

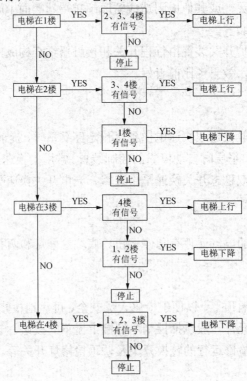

图 2-6 电梯上下行流程图

2. 电梯响应流程

在电梯运行过程中,电梯上升(或下降)途中,任何反方向下降(或上升)的外呼梯信号均不响应,但如果反向外呼梯信号前方向无其他内、外呼梯信号,则电梯响应该信号。

电梯应具有最远反向外梯响应功能。例如,电梯在1楼,而同时有2层向下外呼梯信号、3层向下外呼梯信号、4层向下外呼梯信号,则电梯先去4楼响应4层向下外呼梯信号。

电梯响应流程图如图2-7所示。

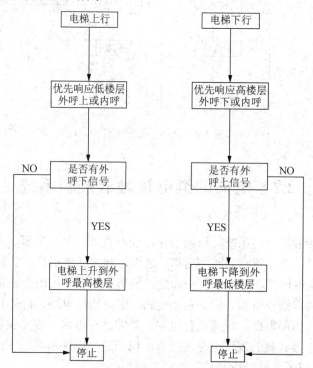

图2-7 电梯响应流程图

3. 电梯开关门流程

当电梯到达系统控制的目标楼层时,控制系统发出开门信号,电梯门开,当门开到开门限位时,计时3s,然后关门,直到关门限位产生信号。此过程期间,按开门按钮电梯门打开,按关门按钮电梯门关闭,并且当门关闭时,门间来人会使光电传感器产生信号,控制系统发出开门信号,电梯开关门流程图如图2-8所示。

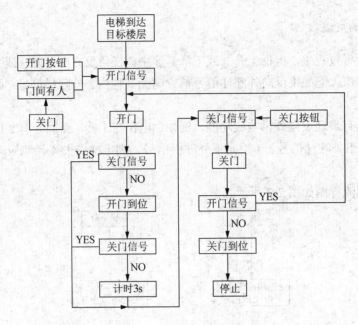

图 2-8 电梯开关门流程图

2.2 电梯的继电接触器控制系统

电梯的继电接触器控制系统,简明易懂,线路直观,易于掌握。系统通过继电器、接触器触点的断合,进行逻辑判断和运算,进而控制电梯的运行。一部电梯的电气控制电路的繁简,根据电梯性能及功能多少而定,但基本的电气控制电路是不可缺少的。这些电路一般包括轿内指令电路、层站召唤电路、定向选层电路、自动开关门电路、换速电路、平层电路、指层电路、慢速运行电路、消防运行电路、安全保护电路等。

通过继电器、接触器的逻辑电路进行自动控制时,电梯能实现下述功能:

1)在有司机或无司机操纵两种工作状态使用。
2)无司机延时自动关门或按下按钮自动关门,到站自动平层开门。
3)根据轿厢内、外召唤指令信号自动定向。
4)实现顺向截车和最远层站的反向截车功能。
5)自动起动加速、制动减速及自动停车。
6)在检修时,慢速运行。
7)具有消防运行控制功能。
8)具有各种符合电梯安全规范的机电保护和信号指示功能。

2.2.1 交流双速电梯的起动、制动运行电路

交流双速电梯曳引机定子内具有两个不同磁极对数的绕组。国内通常为 6 极和 24 极两套绕组。由电动机原理可知，三相异步电动机的转速公式为

$$n=(1-s)60f/p$$

式中，s 为转差率；f 为供电频率；p 为电动机的磁极对数。

从上式中可以看出，改变磁极对数就可以改变电动机转速。在电梯上常常使用交流双速电动机。

若电动机的磁极对数少则速度快，此时的绕组称为快速绕组；若电动机的磁极对数多则速度慢，此时的绕组称为慢速绕组。

图 2-9 所示是交流双速绕组电动机的交流电梯主电路。

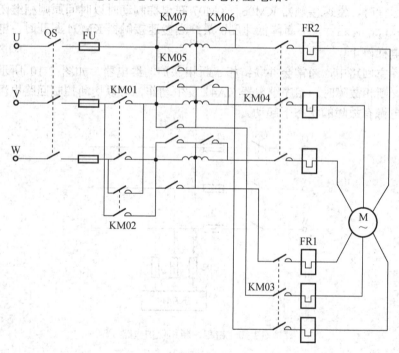

图 2-9 交流双速绕组电动机的交流电梯主电路

FU—熔断器；QS—主电源开关；KM01—上行接触器；KM02—下行接触器；
KM03—快速接触器；KM04—慢速接触器；KM05—快速第一接触器；
KM06—慢速第一接触器；KM07—慢速第二接触器；
FR1—快速热继电器；FR2—慢速热继电器

电梯在起动运行时采用快速绕组，在制动减速、平层、检修运行时采用慢速绕组，当控制下行接触器或上行接触器动作时，电动机的相序会发生改变，从而改变电动机的转向。电梯在起动和制动过程中应使乘客乘坐舒适，并且不应对电梯的机件有冲击。因

此,交流电动机拖动的电梯在起动时,串入电阻或电抗以限制起动电流,减小起动时的加速度。电梯在制动、平层过程中,电动机由快速绕组切换到慢速绕组,为了限制制动电流及降低减速时的附加速度,在电路中串入电阻或电抗,防止产生过大的冲击。

交流电动机拖动的电梯的起动、制动运行线路工作原理如下:

合上主电源开关 QS→上行接触器 KM01、快速接触器 KM03 闭合→电梯处在上行起动运行状态。

快速第一接触器 KM05 延时闭合→电抗器短路,电梯处在快速运行状态。

到达预定停靠站时,控制电梯换速→上行接触器 KM01、慢速接触器 KM04 闭合→电梯处于上行制动状态,以速度 v_1 运行。

慢速第一接触器 KM06 闭合→电梯以速度 v_2 运行。

慢速第二接触器 KM07 闭合→电梯以速度 v_3 运行,其中 $v_1 > v_2 > v_3$。

慢速运行时,慢速接触器 KM06、KM07 在电梯制动时以时间原则相继闭合,电梯以速度 v_1、v_2、v_3 运行,不断降低速度,最终当慢速接触器 KM04 断开时,电梯慢速绕组断电,电梯停止。

在电梯主回路中,通常会并联错相、断相保护的继电器,如图 2-10 所示。当电源发生错相、断相故障时,相序继电器 KA41 发生动作,可以切断控制回路电源,保证电动机不在电源有故障的状态下起动。

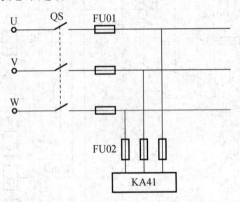

图 2-10 错相、断相保护电路

2.2.2 自动开关门电路

为了实现自动开关门,电梯对自动开关机构(或称自动门机系统)的功能有确定的要求。为了减少开关门的噪声和时间,往往要求自动门机系统进行速度调节。

1. 电梯自动门机系统的功能

自动门机构必须随电梯轿厢移动,即要求把自动门机构安装于轿厢顶上,除了能带动轿门启闭外,还应能通过机械的方法,使电梯轿厢在各个楼层平面处(或楼层平面的上、下 200mm 的安全开门区域内)时,各个层站的层门随着电梯轿门的启闭而同步启闭。

当轿门和某楼层的层门闭合后,应由机械电气设备的机械钩子和电气接点予以反映和确认。

2. 门机速度调节方法

(1)门机速度调节

为了使电梯的轿门和某层层门在启闭过程中达到快、稳的要求,必须对自动门机系统进行速度调节,以满足对自动门机系统的要求。一般调速方法有如下几种。

1)用小型直流伺服电动机作自动门机驱动力时,常用电阻的"串、并联"调速方法,或称电阻分流法。

2)用小型三相交流转矩电动机作自动门机的驱动力时,常用增加与电动机同轴的涡流制动器的调速方法。

直流电动机调速方法简单,低速时发热较少,交流电动机在低速时发热厉害,对三相电动机的堵转性能及绝缘要求均较高。下面主要介绍直流电动机的调节。

(2)直流电动机调节

直流门机控制系统,采用小型直流伺服电动机作为驱动装置。这种控制系统,使门机系统具有传动结构简单、调速简便等优点。图 2-11 所示为一种常见的直流门机主控制电路。门机的工作状态有快速、慢速、停止 3 种,对开关门电路的要求如下。

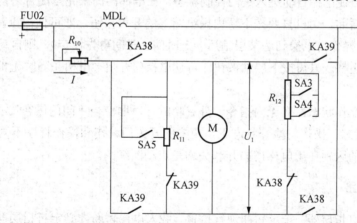

图 2-11 直流门机主控制电路

M—直流电动机;MDL—直流电动机的励磁绕组;FU02—熔断器;R_{10}—可调电阻;
KA38—开门继电器;KA39—关门继电器;R_{11}—低速开门分流电阻;R_{12}—低速关门分流电阻;
SA3—关门第一减速开关;SA4—关门第二减速开关;SA5—开门第一减速开关

关门时:快速—慢速—停止。

开门时:快速—慢速—停止。

图 2-11 中 M 为直流电动机,MDL 为 M 的励磁绕组,其中流过的电流的大小和方向是不变的。门机旋转方向的改变,只要改变直流电动机 M 的电枢极性便可实现,从而完成开门和关门的功能。其工作过程如下。

1) 关门。

① 关门继电器 KA39 吸合→直流电动机 M 向关门的方向旋转。

② 关门第一减速开关 SA3 闭合→电阻 R_{12} 上的分流增大→流过直流电动机 M 的电流减少→直流电动机速度降低。

③ 关门第二减速开关 SA4 闭合→电阻 R_{12} 上的分流再增大→流过直流电动机 M 的电流再减少→直流电动机速度再降低。

④ 门碰撞关门限制开关→关门继电器 KA39 释放→电动机停止转动,门停止运行。

2) 开门。

① 开门继电器 KA38 吸合→直流电动机 M 向开门方向旋转。

② 开门第一减速开关 SA5 闭合→电阻 R_{11} 上的分流增大→流过直流电动机 M 的电流减少→直流电动机速度降低。

③ 门碰撞关门限制开关→开门继电器 KA38 释放→电动机停止转动,门停止运行。

(3) 自动开关门的操纵

门的自动开关过程的操纵可分以下 3 种情况。

1) 有司机操作。在电梯运行方向已确定的情况下,司机按下轿内操纵箱上已亮的方向按钮,即可使电梯自动进入关门控制状态。在电梯门尚未完全闭合之前,如发现有乘客进入电梯轿厢,司机只要按下轿内操纵箱上的开关按钮,即可使门重新开启。

2) 无司机操作。电梯到达某层站后一定时间(时间事先设定),则自动关门,若该层有乘客需用电梯,只需按下层站按钮即可使电梯门开启(电梯在当时无指令,则关门停在该层楼)。

在无司机操作状态,当无内指令、外召唤时,轿厢应当"闭门候客"。

3) 检修状态下操作。检修状态下,电梯的开关门动作和操作程序不同于正常时动作程序,最大的区别在于电梯门的开和关均是点动断续的。

2.2.3 指层电路

电梯都配有指层器,指示轿厢现行位置。载人电梯轿厢内必定有指层器,而厅门上是否有指层器则视不同情况而定。通常层站数目不多的电梯每层都有指层器,随着电梯速度的提高,现代电梯很多取消了厅外指层器,或者只保留基站指层器,在电梯到达召唤层时采用声光预报,如在电梯将要到达时,报站钟发出"叮叮当"的声音,同时方向灯闪动,指示电梯的运行方向。

1. 实现指层

电梯通常利用机械选层器的动触点、静触点的通断取得或消除指定层信号,如图 2-12 所示。

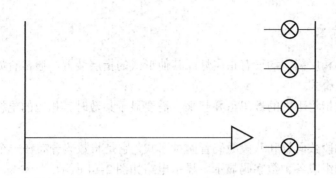

图 2-12 选层器触点指层

无选层器的电梯常利用安装在轿厢顶上的隔磁板通过装在井道上每层一个的感应器获得指层信号,电梯轿厢经过每层时,隔磁板使每层感应器动作,使相应的层楼继电器吸合,发出指层信号,如图 2-13(a)所示。但是这种方法不能产生连续指层信号,必须附加继电器才能获得连续的指层信号,如图 2-13(b)所示。

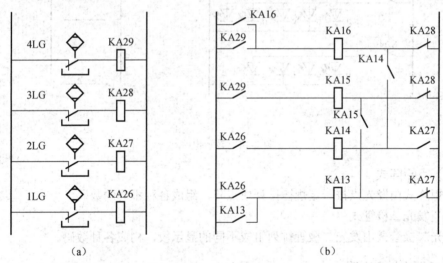

图 2-13 无选层器的电梯指层电路

KA26~KA29—1~4 楼层楼继电器;KA13~KA16—1~4 楼层楼指示继电器;
1LG、2LG、3LG、4LG—1~4 楼层楼感应器

其工作过程:当电梯在 1 楼时,1LG→KA26 吸合→层楼指示继电器 KA13 吸合→KA13 得电自保持。

同理,当电梯在 2 楼时,KA14 得电自保持,同时 KA27 的常闭触点断开,KA13 的回路断开。3 楼、4 楼的情况依此类推。

2. 层楼指示器

电梯轿厢内和厅门口均设有指层灯或其他形式的指层装置,通常有如下形式。

(1) 字形重叠式

字形重叠式指将不同的数码重叠起来,需要显示某数时其相应的电极发亮。

(2) 分段式

分段式有七段数码管和八段数码管两种形式,它是将数码分布在一个平面上,由若干段发光的笔画组成各种数字码显示。显示电路如图 2-14 所示。

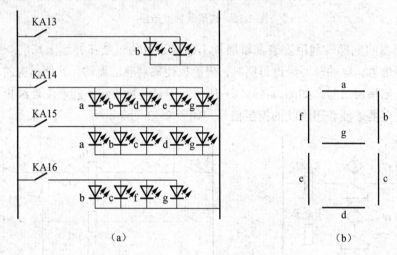

图 2-14 显示电路

(3) 点矩阵式

点矩阵式由发光点按一定规律排列成点阵,组成各种不同的数码。

(4) 发光二极管式

发光二极管式由发光二极管排列组成不同的显示段,构成各种数码。

2.2.4 轿厢内指令电路

站在电梯轿厢内时,从轿厢内部往外看,可以看到操纵箱安装在其右边。操纵箱上对应每一层设一个带指示灯的按钮,称为内指令按钮。按下其中一个楼层按钮,只要电梯不在该楼层,按钮指示灯亮,表示内选指令登记。当电梯到达该楼层停止时,该指令消除,按钮指示灯熄灭。内指令电路构成有不同形式,下面介绍一些常见的内指令电路。

1. 轿内指令信号的登记电路

一般的轿内指令信号的登记电路如图 2-15 所示。

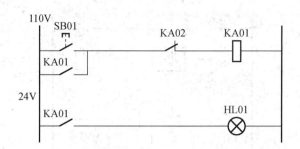

图 2-15 轿内指令信号的登记电路

SB01—轿内指令按钮；KA01—轿内指令继电器；KA02—层楼继电器；HL01—层楼指示灯

对应每一楼层设置一个按钮、一个层楼继电器，一个轿内指令继电器，一个层楼指示灯。

图 2-15 中 SB01 为某层的轿内指令按钮，按下轿内指令按钮 SB01，对应的轿内指令继电器 KA01 吸合，松开按钮后，由 KA01 的常开触点闭合使 KA01 自保持；同时，KA01 的常开触点闭合使该楼层的指示灯 HL01 亮。

2. 轿内指令信号的消除电路

在带有选层器的电梯中，轿内指令信号可由选层器触点来消除。其电路结构如图 2-15 所示。当电梯到达该层时，该层的层楼继电器 KA02 的触点断开，轿内指令继电器 KA01 断开，该层的轿内指令信号消除。

另一种轿内指令信号的消除电路如图 2-16 所示。电梯运行时，选层器动触头 SP01 随着电梯的运行而移动，当电梯到达该层时，选层器动触头 SP01 闭合，轿内指令继电器 KA01 被短路而释放，实现轿内指令信号的消除。

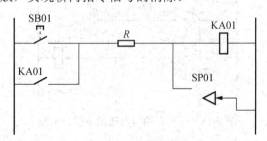

图 2-16 轿内指令信号的消除电路

SB01—轿内指令按钮；KA01—轿内指令继电器；SP01—选层器动触头

3. 触摸按钮轿内指令电路

一些较高档的电梯采用触摸按钮来消除信号。其电路如图 2-17 所示。

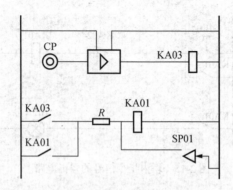

图 2-17 触摸按钮控制电路

CP—金属触片；KA01—轿内指令继电器；KA03—上行召唤继电器；SP01—选层器动触头

当手触碰到金属触片 CP 时，感应信号经放大后驱动上行召唤继电器 KA03，用 KA03 常开触点代替上述的轿内指令按钮 SB01 的作用。当手触及金属触片时，KA03 吸合，使轿内指令继电器 KA01 吸合；手离开金属触片，KA03 释放，但轿内指令继电器 KA01 由常开触点自保持。借助选层器动触头 SP01 来消除信号，当电梯到达该层时，选层器动触头 SP01 闭合，轿内指令继电器 KA01 被短路而释放，轿内选层信号消除。

4. 厅外召唤与内选指令组合电路

厅外召唤与内选指令组合电路如图 2-18 所示。

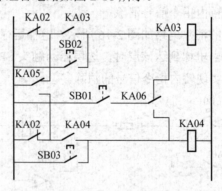

图 2-18 厅外召唤与内选指令组合电路

SB01—轿内指令按钮；SB02—上行召唤按钮；SB03—下行召唤按钮；KA02—层楼继电器；
KA03—上行召唤继电器；KA04—下行召唤继电器；KA05—上方向继电器；KA06—下方向继电器

（1）厅外信号登记

按下某层上行召唤按钮 SB02 时，电流经过上行召唤按钮 SB02→使上行召唤继电器 KA03 得电吸合→KA03 常开触点闭合→上行召唤继电器 KA03 自保持，完成上呼信号登记。

按下下行召唤按钮SB03时,电流经过下行召唤按钮SB03→使下行召唤继电器KA04得电吸合→KA04常开触点闭合→下行召唤继电器KA04自保持,完成下呼信号登记。

(2) 内选指令登记

当电梯内按下轿内指令按钮SB01时,内选指令便被登记。

电梯上行或停在某站时,下方向继电器 KA06 触点向上接通,按下轿内指令按钮SB01,电流经过 SB01→下方向继电器 KA06 触点使上行召唤继电器 KA03 得电吸合→KA03 常开触点闭合→上行召唤继电器 KA03 自保持,完成上呼信号登记。

电梯下行时,下方向继电器 KA06 触点向下接通,按下轿内指令按钮 SB01,电流经过SB01→下方向继电器KA06触点使下行召唤继电器KA04得电吸合→KA04常开触点闭合→下行召唤继电器KA04自保持,完成下呼信号登记。

(3) 消除登记信号

如果电梯上行,上方向继电器 KA05 吸合,而其触点向下接通,当电梯到达呼梯层时,层楼继电器 KA02 吸合,其常闭触点断开了上行召唤继电器 KA03 的自保持通路,消除登记信号。

如果电梯下行,上方向继电器 KA05 不吸合,而其触点向上接通,当电梯到达呼梯层时,层楼继电器 KA02 吸合,其常闭触点断开了下行召唤继电器 KA04 的自保持通路,消除登记信号。

(4) 反方向外召信号保留

如果电梯下行,而下层有上呼信号,则上方向继电器 KA05 触点此时向上接通。电梯到达上呼梯层时,层楼继电器 KA02 吸合,其常闭触点断开,但由于上方向继电器 KA05 触点与层楼继电器 KA02 触点并联,其电路由 KA05、KA03 接通,上行召唤保留。

如果电梯上行,而上层有下呼信号,则上方向继电器 KA05 触点此时向下接通。电梯到达下呼梯层时,层楼继电器 KA02 吸合,其常闭触点断开,但由于上方向继电器 KA05 触点与层楼继电器 KA02 触点并联,其电路由 KA05、KA04 接通,下行召唤信号保留。

2.2.5 层站召唤电路

电梯各个层门上方或侧方一般装有厅外召唤按钮,首层和顶层各装一个按钮,其余各层装两个,一个为上行呼叫,另一个为下行呼叫。该按钮是自动复位式的,按钮通常接有指示灯,电压为 DC6V、DC12V、DC24V,指示灯用来指示召唤是否有效。电梯的厅外召唤信号通过门口的按钮来实现。在电气电路上,每一个按钮对应一个继电器,现在以 4 层电梯为例,分别介绍集选控制、信号控制两种电梯层站召唤电路的工作原理。集选控制指电梯控制系统将各种信号加以综合分析,自动决定轿厢运行的无司机控制。信号控制指将层站召唤信号、轿厢内选信号和其他专用信号加以综合分析,由电梯司机操纵轿厢运行的控制。

1. 集选控制电梯层站召唤电路的工作原理

集选控制电梯层站召唤电路如图 2-19 所示。

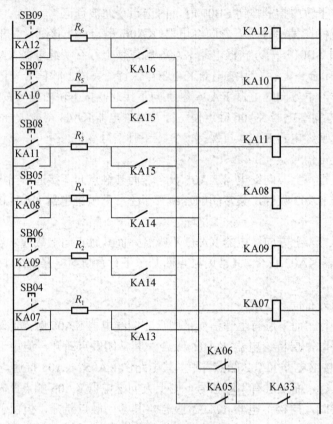

图 2-19 层站召唤电路

SB04～SB09—上行召唤按钮；KA07～KA12—上行召唤继电器；KA05—上方向继电器；
KA06—下方向继电器；$R_1 \sim R_6$—限流电阻；KA33—直驶继电器；KA13～KA16—1～4 楼层楼指示继电器

当厅外按下 SB07 后，电流经过 SB07→限流电阻 R_5→使 3 楼上行召唤继电器 KA10 得电→KA10 常开触点闭合使 KA10 自保持，3 楼上呼信号被登记。

当电梯上行到达 3 楼时，3 楼层楼继电器 KA15 吸合，电流经过 KA15 常开触点、KA06 常闭触点、KA33 常闭触点，使继电器 KA10 线圈短路，使 KA10 释放，消除信号（消除记忆）。

电路中 $R_1 \sim R_6$ 是为防止在消除呼叫信号使线圈短路时电流过大而设置的限流电阻。

集选控制电梯一般是顺向截车，电梯的运行方式是先上行响应厅外上呼信号，然后下行响应厅外下呼信号，如此反复。而在电梯运行时应该保留反方向呼叫信号，即在上行时应保留下呼信号，下行时应保留上呼信号。在图2-19中，电梯在1楼、3楼有上呼信号，2楼又有上、下呼信号，即KA10、KA08、KA09吸合，控制系统消除顺向截车信号，保留反向呼叫的工作原理如下。

电梯到达2楼时，下方向继电器KA06失电，KA06常闭触点闭合，电流经KA14常开触点→KA06常闭触点→KA33常闭触点使KA08线圈短路、释放，2楼顺向截车上呼信号被消除。

上行状态中向上方向继电器KA05吸合，KA05常闭触点断开，使所有KA09～KA12都不会被短路，因此使KA09信号得到保留，使反向截车信号不会被消除。

另外，KA33为直驶继电器，在有司机操作时，如果司机不想在某一层停留，可按下操纵箱直驶按钮，使直驶继电器KA33吸合，则电梯在该层不停留，而该层厅召唤信号继续保持。当继电器KA33吸合时，KA33常闭触点断路，全部已登记的上、下呼信号不被消除。

2. 信号控制层站召唤电路工作原理

利用机械选层器的厅外召唤信号登记、消除信号、反向保留的电路如图2-20所示。

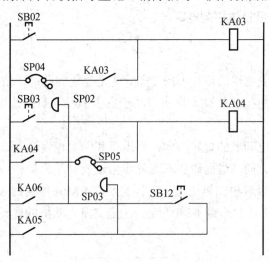

图2-20 带机械选层器的厅外召唤电路

SB02、SB03—上、下行召唤按钮；KA03、KA04—上、下行召唤继电器；SP04、SP05—选层器上、下行静触头；
KA05、KA06—上、下方向继电器；SP02、SP03—选层器上、下行动触头；SB12—直驶按钮

（1）信号的登记与消除

当厅外按下上行召唤按钮SB02后，上方向继电器KA05吸合，并通过选层器上行静触头SP04、KA03常开触点自保持，只要电梯未到达本层，此信号一直保留，由此完成上呼信号登记。

消除信号功能的完成是通过机械选层器上行动触头 SP02 将静触头 SP04 断开，使 KA03 线圈断电而不能自保持。这项功能在电梯上行到达本层楼，下方向继电器 KA06 触点断开的情况下完成。

（2）反向厅外召唤信号保留的工作过程

当电梯下行时，在下方的某层站有上呼信号，即 SB02 闭合、KA03 闭合。当电梯下行经过本层楼时，下方向继电器 KA06 吸合使其常开触点闭合，选层器上行动触头 SP02 使其静触头 SP04 断开，但电路经过下方向继电器 KA06 常开触点，选层器上行动触头 SP02，使上行召唤继电器 KA03 接通，使上行召唤继电器 KA03 保持吸合，反向截车的上行厅外召唤信号仍被保留。

（3）电梯直驶功能

电梯直驶功能是通过直驶按钮 SB12 来实现的。当电梯需要通过某层而不停靠站时，可按下 SB12 按钮。这时只要 KA05 常开触点或 KA06 常开触点有一个触点闭合，通过 SP02 或 SP03 便可以使继电器 KA03 或 KA04 保持吸合状态。因此，电梯不论上行还是下行，厅外召唤不管顺向呼叫信号还是反向呼叫信号均能保留。

2.2.6 定向选层电路及换速控制电路

1. 定向选层电路

电梯的换向即改变电梯的运行方向，实际就是改变驱动电梯轿厢的电动机的旋转方向。电梯的曳引驱动包括三相交流异步电动机曳引驱动和直流发电机-电动机组曳引驱动两大类。

要改变三相异步电动机的旋转方向，只需将其中两相调换，即可改变三相异步电动机定子中旋转磁场的方向，进而改变三相异步电动机转子的旋转方向。如图 2-21 所示，上行接触器 KM01 吸合时电动机正转，下行接触器 KM02 吸合时 V、W 两相互相调换，电动机反转。因此 KM01 吸合或 KM02 吸合决定交流电动机的旋转方向，进而决定电梯轿厢运行方向。

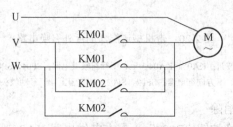

图 2-21 电动机正反转电路

KM01—上行接触器；KM02—下行接触器

图 2-22 所示是一种常用的选层电路,它用于有司机操纵的信号控制电梯,具有司机选向功能。

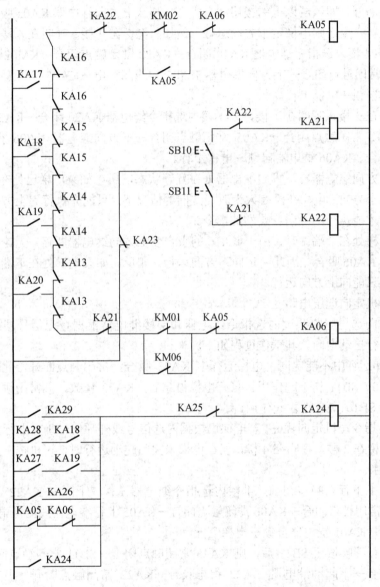

图 2-22 电梯定向选层电路

KA21—上起动继电器;KA22—下起动继电器;KA23—运行继电器;KA24—换速继电器;
KA05—上方向继电器;KA06—下方向继电器;KA25—停车保持继电器;KM02—下行接触器;
KM01—上行接触器;KA17~KA20—4~1楼内选指令继电器;KA13~KA16—1~4楼层楼指示继电器;
KA26~KA29—1~4楼层楼继电器;SB10—上行召唤按钮;SB11—下行召唤按钮

(1) 无司机电梯自动定向

当电梯停在某层时，本层层楼指示继电器（如 KA14）便会吸合，此继电器的两个常闭触点均断开，即该层以上的楼层如有指令，那么上方向继电器 KA05 吸合，电梯即定上方向运行。反之则电梯定下方向运行。例如，电梯在 2 楼，呼叫在 4 楼则电路的工作原理如下：4 楼内选指令继电器 KA17 闭合→KA22 常闭触点闭合→KM02 常闭触点闭合→KA06 常闭触点闭合→上方向继电器 KA05 的线圈得电→KA05 常开触点闭合、继电器 KA05 自锁→电梯上行。

若电梯在 2 楼，呼叫在 1 楼，则 1 楼内选指令继电器 KA20 闭合→KA21 常闭触点闭合→KM01 常闭触点闭合→KA05 常闭触点闭合→下方向继电器 KA06 得电→KA06 常开触点闭合、KA06 继电器自锁→电梯下行。

因为上方向继电器、下方向继电器处在互锁状态，所以如果电梯已处在上行状态，即已经定了上方向，电梯在没有人为改变方向的情况下，只能先执行完上方向的各层站指令，然后才能执行下方向各层站的指令。

如果电梯处在上端站时，由于 KA16 的吸合使上方向继电器断路，无论哪一层有指令，都可使 KA06 吸合，因此一定向下方向运行。相反，如果电梯处在下端站，当有呼叫指令时也只能向上方向运行。

(2) 司机定向选层电路

司机定向选层电路通过内选指令继电器和层楼继电器根据登记信号层站和轿厢的相对位置进行自动定向。其工作过程如下。

1）电梯运行中不能定向。电梯运行中 KA23 吸合，常闭触点断开，此时刻司机定向按钮 SB10、SB11 均不起作用。只有电梯停靠后，KA23 释放，其常闭触点接通，司机定向按钮 SB10、SB11 才起作用。

2）召唤指令司机定向优先。若电梯已根据内选信号或外呼信号确定上行方向，KA05 吸合，如电梯在 2 楼，呼叫在 4 楼，但在电梯未关门起动运行时，司机按下下行召唤按钮 SB11，则：

司机按下下行召唤按钮前，4 楼内选指令继电器 KA17 闭合→KA22 常闭触点闭合→KM02 常闭触点闭合→KA06 常闭触点闭合→KA05 上行继电器线圈得电→KA05 常开触点闭合、KA05 继电器自锁→电梯上行。

按下下行召唤按钮 SB11 后，则 KA23 常闭触点闭合→SB11 常开触点闭合→KA21 常闭触点闭合→下起动继电器 KA22 得电吸合→KA22 常闭触点断开→上方向继电器 KA05 失电释放，改变定向方向，选择下行方向→电梯显示下行。

这个电路可以实现在电梯尚未起动运行的情况下，由司机根据实际情况决定电梯的运行方向。

(3) 电梯换速

电梯的选层是在轿内和厅外有指令和信号的情况下，用电梯所处的位置和运行的方向选择停靠站，并发出换速停车信号，即只有具备了指令信号和位置信号，才能实现选层。当电梯到达该楼层时，发出换速停车信号。例如，当 4 楼有轿内召唤指令时，KA17 吸合，当电梯到达 4 楼时，层楼继电器 KA29 吸合，换速电路工作过程如下：

内选指令继电器 KA17 常开触点闭合→层楼继电器 KA29 常开触点闭合→换速继电器 KA24 得电吸合→KA24 常开触点闭合，自锁→发出换速停车信号。

在电梯停靠后停车保持继电器 KA25 的常开触点断开，解除换速继电器 KA24 的自保持，继电器 KA24 断电释放。

（4）电梯无方向换速

无方向换速，是指当电梯在既没有轿内指令也没有厅外召唤信号时，电梯应立即换速并在就近层站停靠。图 2-22 中上、下方向继电器 KA05、KA06 的常闭触点串联起来，就是为了实现无方向换速。当 KA20、KA21、KA22、KA23 释放时，上、下方向继电器 KA05 和 KA06 也释放，KA05 和 KA06 的常闭触点闭合，电梯呈现无方向状态。这时，换速继电器 KA24 通过 KA05、KA06、KA25 得电、自保持，发出换速信号，使电梯轿厢在就近层站停靠。

2. 换速控制电路

电梯正常运行时，它的减速（换速）停靠层站有顺向呼梯换速、轿内指令换速、厅外召唤信号换速、电梯无方向换速、最远反向呼梯信号换速、直驶信号换速、端站强迫换速等。以下通过图 2-23 所示电路对几种换速控制进行分析。

（1）顺向呼梯换速

当电梯有司机操纵时，电梯的外召唤（上、下）不能定向，但是有顺向截梯的功能。例如，4 楼有轿内指令，电梯正在上行中，此时起动继电器 KA30 的常开触点吸合，如果 3 楼有厅外上呼信号，则 KA10 吸合，电梯顺向截梯的工作原理如下。

电梯将要到达 3 楼时，电源经过运行继电器 KA23 常开触点→起动继电器 KA30 常开触点→无司机继电器 KA32 常闭触点→3 楼上行召唤按钮继电器 KA10 常开触点→3 楼内选指令继电器 KA18 常闭触点→3 楼层楼指令继电器 KA15 常开触点→3 楼内选指令继电器 KA18 常闭触点→3 楼上行召唤按钮继电器 KA10 常开触点→下方向继电器 KA06 常闭触点→直驶继电器 KA33 常闭触点→使 KA24 吸合换速，逐渐停止电梯运行。

当电梯到达指定楼层时，电梯开门→门锁继电器 KA31 失电→KA31 常开触点断开→换速继电器 KA24 自保持解除，电梯换速状态结束。

（2）轿内指令换速

当电梯有内选指令时，电梯便按指令要求在将要到达的层站换速停梯。轿内指令换速的工作原理如下。

如果 2 楼有轿内指令，则当电梯将要到达 2 楼时，2 楼层楼指示继电器 KA14 吸合，工作过程如下：电源经 2 楼内选指令继电器 KA19 常开触点→2 楼层楼指示继电器 KA14 常开触点→2 楼内选指令继电器 KA19 常开触点→直驶继电器 KA33 常闭触点，使换速继电器 KA24 吸合换速，逐渐停止电梯运行。

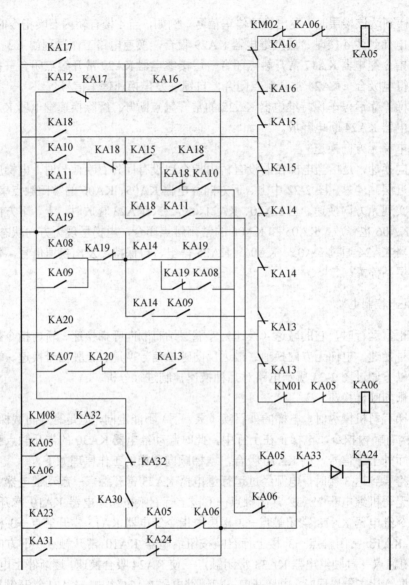

图 2-23 电梯换速电路

KM01—上行接触器;KM02—下行接触器;KA05—上方向继电器;KA06—下方向继电器;KA30—起动继电器;
KA31—门锁继电器;KA33—直驶继电器;KA24—换速继电器;KA32—无司机继电器;KA23—运行继电器;
KM08—电源接触器;KA07—1楼上行召唤按钮继电器;KA08、KA09—2楼上、下行召唤按钮继电器;
KA10、KA11—3楼上、下行召唤按钮继电器;KA12—4楼下行召唤按钮继电器;
KA13~KA16—1~4楼层楼指示继电器;KA17~KA20—4~1楼内选指令继电器

由于在厅外召唤继电器后面串联了一个内选指令继电器的常闭触点,因此轿内选层信号优先于各层层站厅外召唤信号,即当空轿厢电梯被某层大厅乘客召唤到达该层站后，乘客可进入电梯轿厢内按下内选按钮确定电梯运行方向。若乘客虽进入轿厢内但尚未按下内选按钮（即电梯尚未定出方向）时出现其他层站的大厅召唤信号，如这一召唤信号使电梯的运行方向有别于已进入轿厢的乘客要求电梯的运行方向，则电梯的运行方向应按已进入轿厢内的乘客要求而定向；而不是根据其他层楼大厅乘客的要求而定向，这就是所谓的轿内优先于厅外。一旦确定电梯运行方向后，再有其他层站的召唤信号就不能改变已定的运行方向了。

（3）厅外召唤信号换速

电梯在无司机运行状态下（KA32吸合），响应层站厅外召唤信号的换速电路工作原理如下。

假如电梯处在1楼，3楼有上呼信号，则工作过程如下：电源经KM08常开触点→无司机继电器KA32常开触点→3楼上行召唤按钮继电器KA10常开触点→3楼内选指令继电器KA18常闭触点→3楼层楼指示继电器KA15常开触点→3楼内选指令继电器KA18常闭触点→3楼上呼按钮继电器KA10常开触点→下方向继电器KA06常闭触点→直驶继电器KA33常闭触点，使换速继电器KA24吸合，发出换速信号，逐渐停止电梯运行。

再如电梯处在4楼，2楼有下呼信号，则工作过程如下：电源经KM08常开触点→无司机继电器KA32常开触点→2楼下行召唤按钮继电器KA09常开触点→2楼内选指令继电器KA19常闭触点→2楼层楼指示继电器KA14常开触点→2楼下行召唤按钮继电器KA09常开触点→上方向继电器KA05常闭触点→直驶继电器KA33常闭触点，使换速继电器KA24吸合，发出换速信号，逐渐停止电梯运行。

（4）电梯无方向换速

无方向换速是指当电梯在没有轿内指令和厅外召唤信号或轿内指令和厅外召唤信号已全部消除时，电梯立即换速并在就近层站停靠。电梯无方向换速工作原理如下。

当电梯无轿内指令和厅外召唤信号时，上、下方向继电器KA05、KA06均处于失电状态，如果电梯处于运行状态，则工作过程如下：电源经过运行继电器KA23常开触点→上方向继电器KA05常闭触点→下方向继电器KA06常闭触点→直驶继电器KA33常闭触点，使换速继电器KA24吸合，发出换速信号，使电梯在运行方向上就近层站停靠。

（5）最远反向信号呼梯换速

为保证最远层站的乘客乘用电梯，往往要求电梯完成最远层站乘客的要求后，方能改变运行方向，即最远反向信号呼梯换速。最远反向信号呼梯换速电路的工作原理如下。

当电梯停在1楼时，如果2楼、3楼有厅外下呼信号，2楼、3楼下行召唤按钮继电器KA09、KA11吸合，则工作过程如下。

电源经KM08常开触点→无司机继电器KA32常开触点→3楼下行召唤按钮继电器KA11常开触点→3楼内选指令继电器KA18常闭触点→3楼层楼指示继电器KA15常闭触点→4楼层楼指示继电器KA16常闭触点→下行接触器KM02常闭触点→下方向继电

器 KA06 常闭触点，使上方向继电器 KA05 吸合，电梯上行。

当电梯到达 2 楼时，虽然 2 楼层楼指示继电器 KA14 断开，但是由于 3 楼的呼叫信号仍然存在，上方向继电器 KA05 仍然处在得电状态，因此电梯继续上行；当到达 3 楼时，3 楼层楼指示继电器 KA15 断开，上方向继电器 KA05 断电。同时电源经运行继电器 KA23 常开触点→上方向继电器 KA05 常闭触点→下方向继电器 KA06 常闭触点→直驶继电器 KA33 常闭触点→使换速继电器 KA24 吸合，发出换速信号，使电梯在运行方向上就近层站停靠。

（6）直驶信号换速

当电梯不能在某层停梯时，将电梯操纵盘上的直驶按钮按下，使电梯通过，达到不停梯的要求。当需要在某层停梯时，可在电梯到达该层前松开直驶按钮，使 KA33 常闭触点接通，KA24 便有了通路，因此，可以达到换速停车的目的。

2.2.7 平层控制电路

电梯的平层是指使电梯轿厢地坎与层站厅门地坎达到同一平面的动作，平层控制过程决定了电梯的平层准确度。在电梯电气控制系统完成了驱动系统的制动换速过程以后，就进入了自动平层停车过程。在这一过程中，控制系统需要适时而准确地发出平层停车信号，从而使电梯轿厢准确地停靠在目的层站上，同时满足国家标准《电梯制造与安装安全规范》GB 7588—2003 对平层的要求。

1. 平层器

为了保证电梯的平层准确度，通常在轿顶设置平层器。平层器由 3 个干簧管平层感应器构成，如图 2-24 所示。

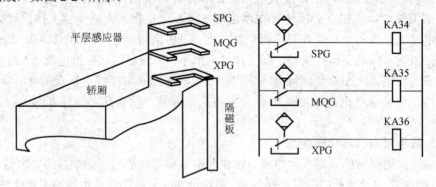

图 2-24 平层感应器原理图

SPG—上平层感应器；MQG—门区感应器；XPG—下平层感应器；KA34—上平层继电器；
KA35—门区继电器；KA36—下平层继电器

当电梯处于平层位置时，隔磁板处于 3 个感应器内，3 个感应器的间距可在安装调试中调整，其间距在直流电梯上约为 15cm，隔磁板安装在井道内。3 个感应器分别称为上平层感应器 SPG、门区感应器 MQG 和下平层感应器 XPG。

电梯上行时，井道内隔磁板依次插入上平层感应器 SPG、门区感应器 MQG、下平层感应器 XPG 内。电梯下行时，插入次序相反。在电梯平层时，隔磁板同时插入 3 个感应器中。

电路上用感应器触点驱动 3 个继电器，即上、下平层继电器 KA34 和 KA36 及门区继电器 KA35。在平层位置，隔磁板插入 3 个干簧管平层感应器中，3 个触点 SPG、MQG、XPG 闭合，KA34、KA35 和 KA36 吸合。当隔磁板不在感应器中时，感应器的触点断开，继电器释放。

2. 交流电梯平层控制电路

交流电梯平层控制电路如图 2-25 所示。现对平层控制过程进行分析说明。

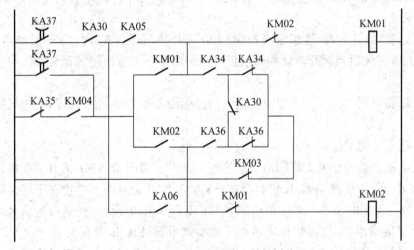

图 2-25 交流电梯平层控制电路

KA35—门区继电器；KA34、KA36—上、下平层继电器；KA05、KA06—上、下方向继电器；
KM04—慢速接触器；KM03—快速接触器；KA30—起动继电器；
KA37—快车继电器；KM01、KM02—上、下方向接触器

（1）起动运行

起动继电器 KA30 吸合，快车继电器 KA37 吸合，此时平层电路的工作原理如下。

电源经快车继电器 KA37 延时断开触点→起动继电器 KA30 常开触点→上方向继电器 KA05 常开触点→下方向接触器 KM02 常闭触点，使上方向接触器 KM01 得电，电梯起动向上运行。

当电梯慢速接触器 KM04 吸合时，电源经门区继电器 KA35 常闭触点→慢速接触器 KM04 常开触点→上方向接触器 KM01 常开触点→下方向接触器 KM02 常闭触点，使上方向接触器 KM01 得电，此时电梯减速继续上行。

其中快车继电器 KA37 延时断开触点在起动继电器 KA30 常闭触点断开,而慢速接触器 KM04 常开触点尚未闭合的短时间间隔中维持上方向接触器 KM01 得电,填补这一时间空白。

(2) 平层

当隔磁板插入上平层感应器 SPG 时,上平层继电器 KA34 得电吸合,则有电源经快速接触器 KM03 常闭触点→下平层继电器 KA36 常闭触点→起动继电器 KA30 常闭触点→上平层继电器 KA34 常开触点→下方向接触器 KM02 常闭触点,使上方向接触器 KM01 吸合,电梯以慢速(由换速线路切换)继续上行。

当隔磁板插入门区感应器 MQG 时,门区继电器 KA35 常闭触点断开,经门区继电器 KA35 常闭触点→慢速接触器 KM04 常开触点→上方向接触器 KM01 常开触点→下方向接触器 KM02 常闭触点,使上方向接触器 KM01 得电的通路断开,电梯停车。

(3) 停车

当隔磁板先后插入门区感应器 MQG 和下平层感应器 XPG 时,下平层继电器 KA36 吸合→KA36 常闭触点断开,使得平层运行通路断路→上方向接触器 KM01 释放→电梯停车。

此时隔磁板同时处于下平层感应器、门区感应器和上平层感应器中,电梯刚好平层准确。

(4) 超程反向平层

如果电梯因意外原因上行超出平层位置,上平层感应器 SPG 离开隔磁板,此时工作过程如下:上平层继电器 KA34 释放→KA34 常开触点断开,使得平层通路断路→KM01 释放,但同时由于下平层继电器 KA36 闭合→电源便经过快速接触器 KM03 常闭触点→上平层继电器 KA34 常闭触点→起动继电器 KA30 常闭触点→下平层继电器 KA36 常开触点→上方向接触器 KM01 常闭触点,使下方向接触器 KM02 吸合→电梯以慢速反向平层。

目前的电梯大多趋向于不采用反向平层,使其线路更简单,只要在平层后由 KA34 或 KA36 常闭触点断开 KM01 或 KM02 就可以了。

2.3　电梯的 PLC 控制系统

PLC 采用可编程序存储器,存储其内部程序,执行逻辑运算、顺序控制、定时、计数与算术操作等面向用户的指令,并通过数字或模拟式 I/O 控制各种类型的机械或生产过程。PLC 的基本结构由 CPU、I/O 模块、存储器、编程器等组成。PLC 具有以下优点。

1. 使用方便，编程简单

PLC 采用简明的梯形图、逻辑图或语句表等编程语言，而无须计算机知识，因此系统开发周期短，现场调试容易。另外，可在线修改程序，改变控制方案而不必拆动硬件。

2. 功能强，性价比高

一台小型 PLC 内有成百上千个可供用户使用的编程元件，可以实现非常复杂的控制功能。它与相同功能的继电器系统相比，具有更高的性价比。PLC 可以通过通信联网功能，实现分散控制，集中管理。

3. 硬件配套齐全，用户使用方便，适应性强

PLC 产品已经标准化、系列化、模块化，有品种齐全的各种硬件装置可供用户选用，用户能灵活方便地进行系统配置，组成不同功能、不同规模的系统。PLC 的安装接线也很方便，一般用接线端子连接外部接线。PLC 有较强的带负载能力，可以直接驱动一般的电磁阀和小型交流接触器。

硬件配置确定后，可以通过修改用户程序，方便快速地适应工艺条件的变化。

4. 可靠性高，抗干扰能力强

传统的继电接触器控制系统使用了大量的中间继电器、时间继电器，容易因触点接触不良而出现故障。PLC 用软件代替大量的中间继电器和时间继电器，仅剩下与输入和输出有关的少量硬件元件，接线可减少到继电接触器控制系统的 1/100~1/10，因触点接触不良造成的故障大为减少。

PLC 采取了一系列硬件和软件抗干扰措施，具有很强的抗干扰能力，平均无故障时间达到数万小时以上，可以直接用于有强烈干扰的工业生产现场，PLC 已被广大用户公认为可靠的工业控制设备之一。

5. 系统的设计、安装、调试工作量少

PLC 用软件功能取代了继电接触器控制系统中大量的中间继电器、时间继电器、计数器等器件，使控制柜的设计、安装、接线工作量大大减少。

PLC 的梯形图程序一般采用顺序控制设计法来设计。这种编程方法很有规律，容易掌握。对于复杂程度相同的控制系统，设计梯形图的所用时间比设计相同功能的继电器系统电路图的所用时间要少得多。

PLC 的用户程序可以在实验室模拟调试，输入信号用小开关来模拟，通过 PLC 上的发光二极管可观察输出信号的状态。完成系统的安装和接线后，在现场的统调过程中发现的问题一般通过修改程序就可以解决，PLC 控制系统的调试时间比继电器系统少得多。

6. 维修工作量小，维修方便

PLC 的故障率很低，且有完善的自诊断和显示功能。PLC 或外部的输入装置和执行机构发生故障时，可以根据 PLC 上的发光二极管或编程器提供的信息迅速地查明故障的原因，用更换模块的方法可以迅速排除故障。

目前国产电梯及中低档的客梯大多采用了 PLC 控制系统，而且 PLC 特别适用于在用电梯的技术改造。

2.3.1 PLC 的输入系统

1. PLC 输入信号

（1）呼梯信号

1）全集选方式：内外呼梯信号数量为 $3N-2$，N 为层站数。

2）下集选方式：内外呼梯信号数量为 $2N$。

（2）层楼信号

层楼数判断及计算方法有如下几种。

1）磁性双稳态开关编码输入方法：输入 PLC 的信号数量，8 层以下为 3 个，8~15 层为 4 个，16~32 层为 5 个。

2）采用旋转编码器光电脉冲输入或用软件计算层楼数的方法：输入 PLC 仅需 1~2 个信号。

3）采用磁感应器方法：每个层站需占用一个 PLC 输入点。

（3）输入控制信号

输入控制信号包括电锁、急停、轿内检修、轿顶检修、有/无司机、直驶、超载、门锁、消防、开关门按钮、关门安全保护、开关门限位、上平层、下平层、开门区、慢上、慢下、上强迫换速、下强迫换速等。对于不同梯型及梯速的电梯，可能还有一些特殊的输入信号。

2. PLC 输入单元

（1）PLC 输入单元的工作电压

PLC 输入单元的工作电压主要有 DC24V、AC110V 等，考虑安全因素，并充分利用 PLC 主机本身提供的 DC24V 电源，电梯控制的输入信号均采用 DC24V。

（2）控制信号输入方式

控制信号输入可采用低电平输入或高电平输入，如图 2-26 所示。若输入信号为低电平有效，则当按钮接通时，将低电平信号送入 PLC；若输入信号为高电平有效，则当按钮接通时，高电平信号送入 PLC。当使用无触点电子开关（如晶体管等）输入时，应注意接入方法。通常情况选用低电平输入方式，因为许多与 PLC 配套的控制器、调速器均按低电平输入方式设计生产。不管是低电平输入,还是高电平输入,均使输入点的状态为 ON。

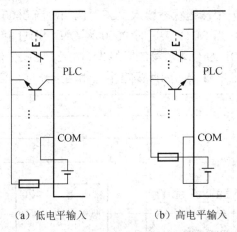

(a) 低电平输入　　　　(b) 高电平输入

图 2-26　控制信号的两种输入方式

(3) 输入点电流容量

当使用 PLC 内部 24V 电源作为控制输入信号的供电电源时,如层楼较高,输入信号很多,应注意电源的容量。一般内置 24V 电源的最大输出电流为 0.3A。每个 PLC 输入点的电流为 7~10mA,由于有些安全信号需始终接入 PLC,因此电源最多可允许 40 个信号同时接通,一般正常运行条件下不会出现这种情况。为防止接线错误,或调试过程线路短路,24V 电源外线路上应接熔断器保护。电流超过 0.3A 时,应使用外加电源。

3. 信号输入方式

信号输入 PLC 的方式很多,下面简要介绍常用的几种方式。

(1) 信号的直接输入

每个输入信号直接接 PLC 的输入点,不附加任何电路,这是目前电梯 PLC 控制系统用得较多的 I/O 接线方式,其特点如下:

1) 原理简单,接线方便。
2) 不易出错,可靠性高。
3) 维护保养简便,检查故障直观。

其最大的缺点是需要 I/O 点数多,成本较高。为了减少 I/O 点数,可采取矩阵或编码等输入方法。

(2) 矩阵扫描输入

在电梯的 PLC 控制系统中,I/O 点数最多的是呼梯信号,为减少 PLC 输入点数,可对呼梯信号采用矩阵扫描输入。

1) 矩阵扫描输入电路 (图 2-27)。输出点用于进行列扫描,由 PLC 软件周期性地使 0600~0607 依次接通，产生负脉冲，使列扫描线有效。横线为数据输入线，当某输出点状态为 ON 时，8 条输入线将该输出点所连接的一列 8 个按钮状态送入 PLC。依次扫描 8 列，将 64（8×8）个按钮状态读入 PLC。例如，当 0600 为 ON 时，矩阵线路中右边第一竖线为低电平，当 SB11 接通时 0000 为 ON，SB11 接通信号送入 PLC；若此时 SB22 接通，由于 0601 为 OFF，第二竖线为高电平，SB22 信号不能通过 0001 送入 PLC。由于输入点为低电平有效，因此高电平（相当于开点）信号不能送入 PLC。

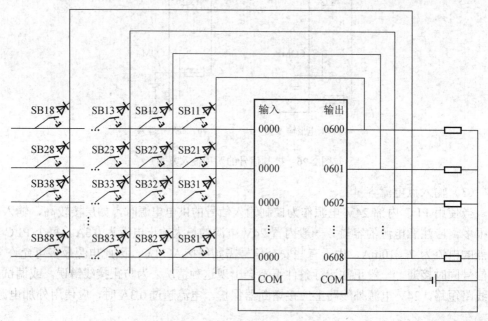

图 2-27　矩阵扫描输入电路

2）矩阵扫描输入梯形图（图 2-28）。矩阵扫描输入梯形图的前面部分为输出列扫描控制程序，后面部分为输入数据读取程序。特殊辅助继电器 1900 给出周期为 0.1s 的时钟脉冲，对 06CH 进行移位操作。定时器 TIM00 决定输出扫描周期，由 HR0 根据 8 路输出扫描时间设定，如每一路为 0.1s，则 HR0=#0008 约 0.8s。在每个输出扫描周期开始，TIM00 触点接通一个 PLC 扫描周期，并将脉冲信号作为移位寄存器的数据输入。通过 SFT 指令每 0.1s 使 0600、0601、…、0607 依次接通，且每次只有一点为 ON，对按钮信号按列扫描输入。当扫描到最后一列时，由 0607 对移位寄存器复位，开始下一输出扫描周期。

输入数据读取方法是，当 0600 为 ON 时，矩阵扫描输入线路的右边第一列有效，该列按钮信号送入 PLC。梯形图中第一个联锁指令的条件 0600 为 ON，所以读取的是 SB11、SB21、…、SB81 的按钮信号，如 0000 为 ON，说明 SB11 接通。而其他联锁指令的条件 0601、0602、…、0607 均为 OFF，其他列的按钮信号此时不能读入 PLC。当依次使 0600、0601、…、0607 为 ON，8 列按钮信号顺序送入 PLC，并由 8 条联锁指令划分的 8 个程序块区分出 64（8×8）个不同的按钮输入信号。

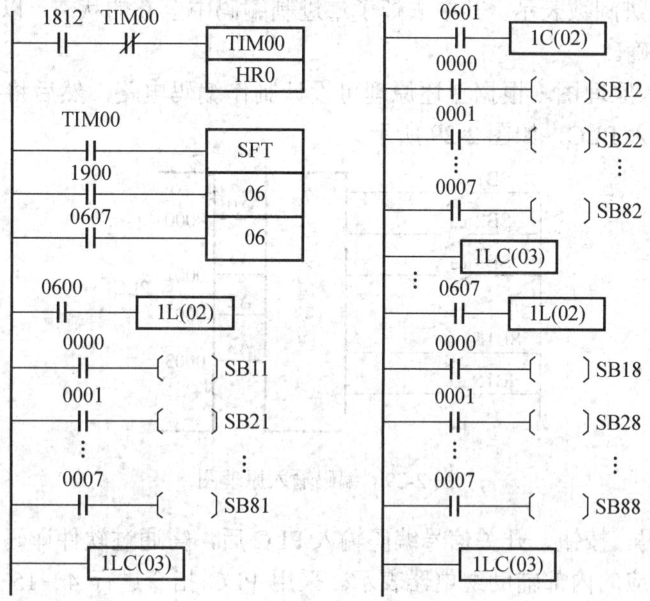

图 2-28　矩阵扫描输入梯形图

由于每次只扫描一条纵线，因此扫描输入的结果是唯一和准确的。一般情况下电梯 PLC 控制程序的扫描周期为 10ms 左右，用此频率进行输入扫描是能满足要求的，电梯的乘客按按钮的时间不会短于 0.1s，即一个输出扫描周期。

这种输入方法的特点是，使用 8 个输入点和 8 个输出点，可输入 64 个信号，大大减少了输入点。应注意的是，由于扫描周期短，动作频繁，因此需使用晶体管输出类型。

（3）信号合并输入

1）多个串联开关、联动开关等分别只用一个 PLC 输入点。例如，各层厅门联锁开关、轿顶和控制柜检修开关，可分别串联输入 PLC。

2）作用相同的开关信号并联输入 PLC。例如，开门按钮与安全触板（或光电）开关。

3）按钮组合输入。为减少呼梯输入 PLC 点数，可将内指令、上召唤信号、下召唤信号分组输入 PLC。其方法是，将每层内外呼梯信号并在一起作为一点输入，如 16 站需用 16 个 PLC 输入点；再将所有各层指令、上呼信号、下呼信号分别并联，作为 3 个点输入 PLC，用以区分各层指令、上呼信号、下呼信号。然后用 PLC 软件将上述 46 个信号复原。这种方法的特点是，16 层站只需用 19 个 PLC 输入点，但要求每个按钮有两对触点。接线时尽量在操纵盘和井道上完成触点并联与接线，以减少井道到机房的电缆。

（4）编码输入

将按钮、开关输入信号通过二进制数编码输入 PLC，可大大减少 PLC 输入点。

1）编码原理。在电梯控制中，可将按钮、开关信号通过二进制数编码表示。7 个信号可用三位二进制数表示,15个信号可用四位二进制数表示,一般地 $2 \times N-1$ 个以内的信号可用 N 位二进制数表示。其中去掉了二进制编码中全0的状态,以保证无按钮、开关接通时编码正确。

2)编码输入原理图。根据上述原理可设计制作编码电路,然后将按钮、开关信号通过编码电路输入PLC,如图2-29所示。

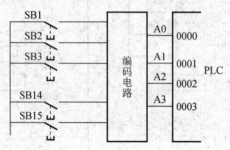

图2-29 编码输入原理图

3)软件译码。按钮、开关信号编码输入PLC后,需通过软件译码恢复编码前各输入信号,并用对应的内部辅助继电器表示。采用PLC指令进行4～15个信号译码。译码梯形图如图2-30所示。

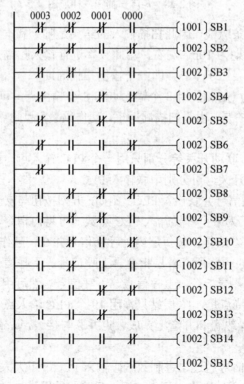

图2-30 译码梯形图

SB1 接通时，0000 有信号输入，只有 0000 为 ON，此时 1001 为 NO，对应 SB1 状态。同理可根据 0000、0001、0002、0003 这 4 个输入信号译出所有按钮状态。

（5）ID215、ID501、MD215 输入单元输入

为解决用户自己设计制作 I/O 矩阵扫描电路的困难，一些厂家对 PLC 软件、硬件进行了改进，生产了专用的矩阵扫描 I/O 模块。例如，采用 C200H 的 ID215、ID501、MD215 3 个专用模块，可实现矩阵扫描输入。

ID215 为 DC24V 输入单元，ID501 为 DC5V 的 TTL 输入单元，MD215 为 DC24V 输入晶体管输出单元。

（6）串行输入

串行输入将按钮信号通过串行扫描控制器处理为串行脉冲序列信号送入 PLC，以脉冲的高低电平表示按钮的通断状态。所有按钮信号组成一个脉冲序列，通过同步信号送入 PLC，其原理图如图 2-31 所示。同步信号应与 PLC 扫描周期相配合，以免造成脉冲信号丢失，串行扫描控制器可应用单片机实现，由于涉及内容较多，在此不详述。

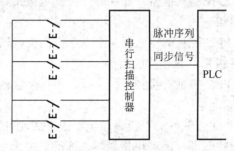

图 2-31 串行扫描输入原理图

（7）安全保护触点的输入

为设计梯形图方便，有时常闭触点可改为常开触点输入 PLC。但对于安全保护触点，仍应使用常闭触点输入，以保证电梯安全运行。因为当安全保护信号保持接通时，说明系统可正常安全运行。如果线路出现故障断开，无输入信号，系统立即检测出来，并停止正常运行。如改为常开触点输入，则当线路故障断开时，系统无法判断安全保护输入信号的故障。

需用常闭触点输入 PLC 的安全保护信号有上、下行强迫减速开关，上、下限位开关，安全触板开关，基站钥匙开关，正常运行（有/无司机）方式触点，门联锁触点，急停触点等。后几个触点可以通过继电器常开触点输入，正常条件下，继电器应通电吸合。

安全保护触点不应采用前面介绍的矩阵扫描输入或编码方法输入，以保证安全可靠。

2.3.2 PLC 的输出系统

PLC 通过软件对输入控制信号进行运算处理后，由输出接口发出控制信号及各种指示信号。

1. PLC 输出信号

（1）内选、外呼指示信号

1）全集选方式内选、外呼指示信号的数量为 $3N-2$，N 为层站数。

2）下集选方式内选、外呼指示信号的数量为 $2N$。

（2）层楼指示信号

1）层灯指示：N 个层站 PLC 输出 N 个信号。

2）数码管显示：对七段数码管 10 个层站以下，PLC 输出信号为 7 个，10～19 个层站为 8 个，20～30 个层站为 10 个。

（3）输出控制信号

从安全角度和负载电流大小考虑，PLC 系统输出控制信号仍需使用少量接触器和继电器。

1）各种梯型均需 PLC 控制的信号：呼梯铃、控制电源接触器、开关门继电器、安全继电器、制动器接触器等。

2）交流双速电梯由 PLC 控制的接触器：上、下方向接触器，快速接触器，快加速接触器，慢速接触器，各级制动减速接触器等。

3）交流调速电梯由 PLC 控制的接触器：上行、下行接触器，快速接触器，慢速接触器，制动接触器等。

4）发电机组供电（F-D 方式）的直流调速电梯由 PLC 控制的接触器：原动机起停接触器，上行、下行励磁接触器，原动机接触器，原动机加速接触器，快速继电器，接入反激绕组继电器等。

此外直流电梯还需由 PLC 控制平快、平慢，检修运行速度给定值的切换信号。

2. PLC 输出单元类型

PLC 的输出单元类型有 3 种，可根据负载情况选择。

1）负载电压在 AC250V 或 DC24V 以下，负载电流不超过 2A，且不是很频繁动作的负载，如电梯信号指示灯、呼梯铃、接触器、继电器等，均可使用 PLC 的继电器输出类型。这是电梯 PLC 控制最主要的输出方式。

2）当负载为电子器件，负载电压为 DC5～24V，负载电流小于 1A 时，应使用晶体管输出类型。由于晶体管有饱和电压，不能直接与 TTL 器件连接，应先与 COMS 芯片连接后，再与 TTL 器件相接。

3）对于频繁动作的交流负载，电压在 85～250V，电流不大于 1A，可使用无触点的电子开关，即双向晶闸管输出类型进行控制。

3. 输出保护

1）不能同时通电工作的重要负载，如上、下行接触器等，PLC 内部应有软件互锁点，输出电路应连接电气互锁触点。

2）PLC 输出驱动感性负载时，应加保护电路，以提高 PLC 输出点的使用寿命。直流感性负载并联二极管起续流保护作用，二极管反向耐压峰值应为负载电压的 3 倍，额定电流为 1A。交流感性负载并联阻容吸收电路，电阻值为 50Ω，电容值为 0.4μF。PLC 输出保护电路如图 2-32 所示。

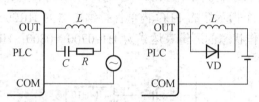

图 2-32　PLC 输出保护电路

3）对于 8 点一组的继电器输出点，允许同时驱动的负载电流总共为 6A，4 点一组的为 4A，不能每个输出点同时通过 2A 电流，在负载分组时应加以注意。

4. 减少 PLC 输出点的输出方式

（1）矩阵扫描输出

1）矩阵扫描输出电路。图 2-33 是用两组各 8 点的 PLC 输出点构成 8×8 矩阵输出电路，一组为行扫描，另一组为列扫描。当行、列两路均有扫描输出时，其交点处的指示灯亮。这个输出矩阵电路可控制 64 个指示灯。

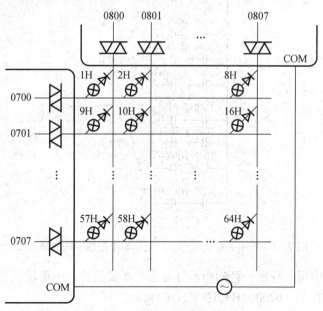

图 2-33　8×8 矩阵输出电路

值得注意的是，在程序设计上不能使输出点一直接通，以免造成错误显示。如欲使 1H 指示灯亮，行、列输出为 0700 与 0800 两路接通；如同时要求 10H 指示灯亮，需 0701、0801 两路接通。由于这 4 路同时接通，会造成 2H 及 9H 指示灯错误点亮，因此应采用循环扫描输出方式。

2）矩阵输出扫描控制梯形图。图 2-34 是采用 P 型机指令实现矩阵输出扫描控制的梯形图。假设对应 64 个指示灯的 PLC 内部保持继电器为 HR000～HR315。如 HR000 对应 1H，则表示其工作状态的逻辑表达式为 1H=0700·0800；HR009 对应 10H，则 10H=0701·0801。

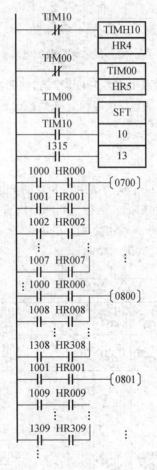

图 2-34 采用 P 型机指令实现矩阵输出扫描控制的梯形图

将矩阵电路中每一行或一列的指示灯导通的必要条件，用逻辑代数式表示如下：

$$0700 = 1H + 2H + 3H + \cdots + 8H$$
$$= HR000 + HR001 + HR002 + \cdots + HR007$$

第2章 电梯的电气控制系统

$$0800 = 1H + 9H + 17H + \cdots + 57H$$
$$= HR000 + HR008 + HR100 + \cdots + HR308$$
$$0701 = 9H + 10H + 11H + \cdots + 16H$$
$$= HR008 + HR009 + HR010 + \cdots + HR015$$
$$0801 = 2H + 10H + 18H + \cdots + 58H$$
$$= HR001 + HR009 + HR101 + \cdots + HR309$$
$$\vdots$$

如需 1L 导通，即 1H=1，应有 0700=1，即 ON，与 0800=1，即 ON，应扫描控制这两路输出。

HR4 设定为一个 PLC 扫描周期，同时也是进行输出行列扫描的间隔时间，HR5 设定为 8 行×8 列输出扫描一个周期的时间。TIMH10 每个 PLC 扫描周期产生一个脉冲信号，作为移位寄存器的移位时钟信号。TIM00 在进行一遍输出扫描后产生一个脉冲信号，作为移位寄存器的数据输入，通过对这个脉冲信号的移位，对输出进行行列扫描。

梯形图根据前面所述的逻辑表达式设计，当某指示灯导通时，需要其所在行、列有输出，即该行、列所对应的输出点为 ON。如需 1H 亮，HR000 为 ON，移位寄存器通过对 1000～1315 的移位操作，依次对 64（8×8）点进行扫描，任一时刻 1000～1315 只有一点可能为 ON。当 1000 为 ON 时，通过运算使 0700 与 0800 同时为 ON，因而 1H 通电闪亮，下一次扫描将使 1001 为 ON，如 HR001 为 ON，运算结果使 0700 与 0801 同时为 ON，2H 亮。如 HR001 为 OFF，则即使 1001 为 ON，0700 与 0801 仍为 OFF，2H 不亮。同理对所有指示灯进行扫描输出控制。

由于输出扫描频繁动作，输出模块应采用双向晶闸管，以驱动 AC24V 指示灯。若使用直流指示灯，则可用晶体管输出单元。

（2）译码输出

为减少 PLC 输出点，可对需要输出的信号采用软件编码输出，编码后的信号由外部译码电路驱动负载。这一信号处理过程与编码输入正好相反。编码输入是由外部线路对输入信号编码，PLC 内部软件译码；而译码输出是由 PLC 内部软件对信号编码输出，外部线路译码。

1）译码输出原理图。图 2-35 为编码信号由外部线路译码的输出原理图。图 2-35（a）为无重叠编码信号的译码输出原理图，图 2-35（b）为对编码脉冲信号进行译码、保持、驱动、复位工作原理图，0600～0603 为用于消号复位的编码输出信号。

2）译码线路。图 2-36 为采用 4～16 线译码器驱动 16 个层站指示灯的译码驱动线路。译码器为 CC4514 或 CC4515 等集成电路，由其通过一级放大电路触发双向晶闸管，驱动 AC24V 指示灯。PLC 输出单元采用晶体管类型，直接外接 CMOS 电路 CC4514。

电梯控制与故障分析

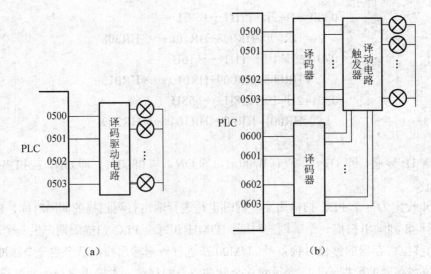

(a)　　　　　　　　　　　　(b)

图 2-35　编码信号由外部线路译码的输出原理图

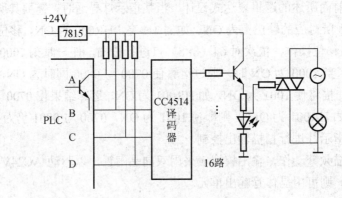

图 2-36　译码输出线路

（3）专用输出单元

如采用 C200H 的 OD215、OD501 单元可进行矩阵扫描输出。OD215 为 DC24V 输出单元，OD501 为 DC5V 的 TTL 输出单元。

2.3.3　PLC 4 层电梯控制

1. 电梯运行的原则

4 层电梯模拟图如图 2-37 所示，电梯运行应符合以下原则：

1）接收电梯在楼层以外的所有指令信号、呼梯信号，给予登记并输出登记信号。

2）根据最早登记的信号，自动判断电梯是上行还是下行，这种逻辑判断称为电梯的定向。电梯的定向根据首先登记信号的性质可分为两种，一种是指令定向，指令定向是把指令指出的目的地与当前电梯位置比较得出"上行"或"下行"结论。例如，电梯在 2 楼，指令为 1 楼则向下行；指令为 4 楼则向上行。第二种是呼梯定向，呼梯定向是根据呼梯信号的来源位置与当前电梯位置比较，得出"上行"或"下行"结论。例如，电梯在 2 楼，3 楼乘客要向下，则按 3 楼下行按钮，此时电梯的运行应该是向上到 3 楼接该乘客，所以电梯应向上。

3）电梯接收到多个信号时，采用首个信号定向，同向信号先执行，一个方向任务全部执行完后再换向。例如，电梯在 3 楼，依次输入 2 楼指令信号、4 楼指令信号、1 楼指令信号。如用信号排队方式，则电梯下行至 2 楼→上行至 4 楼→下行至 1 楼；而用同向先执行方式，则为电梯下行至 2 楼→下行至 1 楼→上行至 4 楼。显然，第二种方式往返路程短，效率高。

4）具有同向截车功能。例如，电梯在 1 楼，指令为 4 楼则上行，上行中 3 楼有呼梯信号，如果该呼梯信号为呼梯向（K5），则当电梯到达 3 楼时停站顺路载客；如果呼梯信号为呼梯向下（K4），则不能停站，而是先到 4 楼后再返回到 3 楼停站。

5）一个方向的任务执行完要换向时，依据最远站换向原则。例如，电梯在一楼根据 2 楼指令向上，此时 3 楼、4 楼分别有呼梯向下信号。电梯到达 2 楼停站，下客后继续向上。如果到 3 楼停站换向，则 4 楼的要求不能兼顾；如果到 4 楼停站换向，则到 3 楼可顺向截车。

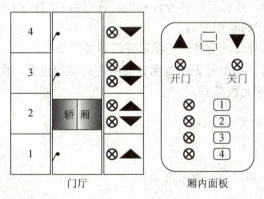

图 2-37 4 层电梯模拟图

2. 4 层电梯模拟的硬件支持

1）4 层电梯控制实验单元模块。
2）PLC 应用综合实验实训考核台。
3）各种连接导线。

3. 4层电梯模拟的输入/输出信号及其意义

（1）电梯输入信号及其意义

1）位置信号。位置信号由安装于电梯停靠位置的4个传感器XK1～XK4产生。平时为OFF，当电梯运行到该位置时为ON。

2）指令信号。指令信号有4个，分别由K7～K10共4个指令按钮产生。按某按钮，表示电梯内乘客欲往相应楼层。

3）呼梯信号。呼梯信号有6个，分别由K1～K6共6个呼梯按钮产生。按呼梯按钮，表示电梯外乘客欲乘电梯。例如，按K3则表示3楼乘客欲往上，按K4则表示2楼乘客欲往下。

（2）电梯输出信号及其意义

1）运行方向及显示信号。向上、向下运行信号两个，控制电梯的上升及下降；运行方向显示信号两个，由两个箭头指示灯组成，显示电梯运行方向。

2）指令登记信号。指令登记信号有4个，分别由HL11～HL14共4个指示灯组成，表示相应的指令信号已被接受（登记）。指令执行完后，信号消失（消号）。例如，电梯在2楼，按"3"表示电梯内乘客欲往3楼，则HL13亮表示该要求已被接受。电梯向上运行到3楼停靠，此时HL12灭。

3）呼梯登记信号。呼梯登记信号有6个，分别由HL1～HL6共6个指示灯组成，其意义与上述指令登记信号相类似。

4）开门、关门信号。该信号用于指示开门与关门动作。

5）楼层数显信号。该信号表示电梯目前所在的楼层位置。由七段数码显示构成，LEDa～LEDg分别代表各段笔画。

4. 4层电梯模拟的实施过程

（1）I/O 分配

4层电梯控制I/O端口分配表见表2-1。

（2）控制程序编写

电梯的PLC控制程序比较复杂，层数越多越复杂。程序设计通常可以分成几个环节进行，再将这些环节组合在一起，形成完整的梯形图。

1）呼叫登记与解除环节。4层电梯控制呼叫登记与解除程序如图2-38所示。M501～M504表示电梯轿厢在哪一层，M501得电表示在1层。当有内呼时，对应的内呼指示得电并自锁。有1层内呼时，登记信号Y4得电并自锁，当电梯到1层时（M501得电），解除内呼登记信号。2层外呼向上时，登记信号Y11得电并自锁。当轿厢下行经过2层时，2层外呼向上不响应，所以不解除Y11。

表 2-1　4 层电梯控制 I/O 端口分配表

输入		输出	
名称	输入点	名称	输出点
1 层平层信号 XK1	X0	向上运行显示 L7	Y0
2 层平层信号 XK2	X1	向下运行显示 L8	Y1
3 层平层信号 XK3	X2	上升	Y2
4 层平层信号 XK4	X3	下降	Y3
内呼 1 层指令 K7	X4	内呼 1 层显示 HL11	Y4
内呼 2 层指令 K8	X5	内呼 2 层显示 HL12	Y5
内呼 3 层指令 K9	X6	内呼 3 层显示 HL13	Y6
内呼 4 层指令 K10	X7	内呼 4 层显示 HL14	Y7
1 层外呼向上 K1	X10	1 层外呼向上显示 HL1	Y10
2 层外呼向上 K2	X11	2 层外呼向上显示 HL2	Y11
3 层外呼向上 K3	X12	3 层外呼向上显示 HL3	Y12
2 层外呼向下 K4	X13	2 层外呼向下显示 HL4	Y13
3 层外呼向下 K5	X14	3 层外呼向下显示 HL5	Y14
4 层外呼向下 K6	X15	4 层外呼向下显示 HL6	Y15
		开门	Y16
		关门	Y17

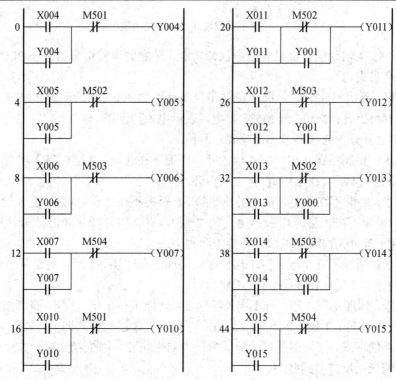

图 2-38　4 层电梯呼叫登记与解除程序

2）轿厢当前位置信号的产生与消除。电梯轿厢当前位置由图 2-39 所示程序决定。当轿厢与 1 层平层时，1 层平层信号 X000 得电，这时没有 2、3、4 层平层信号。M501 得电并自锁。当轿厢与其他楼层平层时，M501 失电。

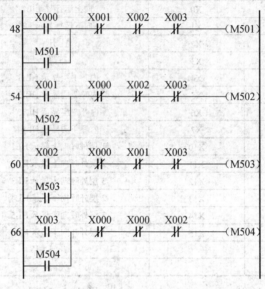

图 2-39　4 层电梯轿厢当前位置的编程

M501～M504 辅助继电器具有断电保持功能。轿厢的当前位置信息在 PLC 断电后，再次得电不会丢失。

3）上升/下降决策环节。上升/下降决策控制程序如图 2-40 所示。M525 或 M527 得电，表示电梯将上升；M526 或 M528 得电，表示电梯将下降。

① 电梯上升分为内呼要求和外呼要求两种。

内呼要求：轿厢不在 4 层，有 4 层内呼；轿厢不在 3 层、4 层，有 3 层内呼；轿厢不在 2 层、3 层、4 层（在 1 层），有 2 层内呼。

外呼要求：轿厢不在 4 层，有 4 层外呼向下；轿厢不在 3 层、4 层，有 3 层外呼（向上、向下）；轿厢不在 2 层、3 层、4 层（在 1 层），有 2 层外呼（向上、向下）。

② 电梯下降分为内呼要求和外呼要求两种。

内呼要求：轿厢不在 1 层，有 1 层内呼；轿厢不在 1 层、2 层，有 2 层内呼；轿厢不在 1 层、2 层、3 层（在 4 层），有 3 层内呼。

外呼要求：轿厢不在 1 层，有 1 层外呼向上；轿厢不在 1 层、2 层，有 2 层外呼（向上、向下）；轿厢不在 1 层、2 层、3 层（在 4 层），有 3 层外呼（向上、向下）。

上升时不能下降，下降时不能上升。哪一方向先响应，则执行完这一方向上的所有呼叫后，再响应相反方向的呼叫。

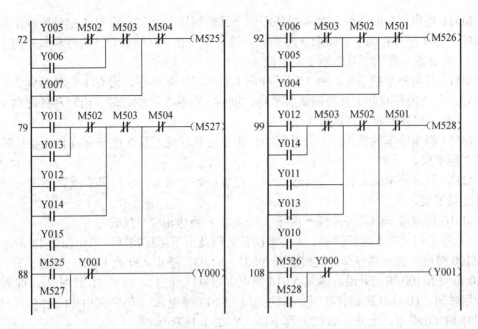

图 2-40 4 层电梯上升/下降决策程序

4) 停车环节。4 层电梯停车环节程序梯形图如图 2-41 所示。其中，M511 为上升最远站换向停车，M512 为下降最远站换向停车，M515 为上升同向截车停站，M516 为下降同向截车停站，M510 为内呼到站停车，M100 为综合停车。

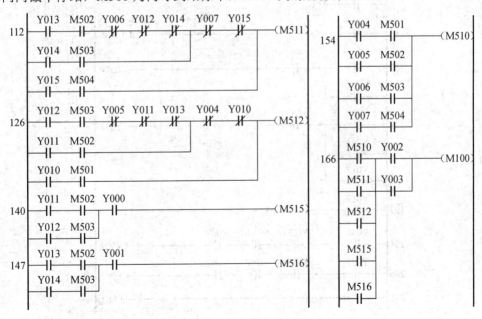

图 2-41 4 层电梯停站程序

M511 得电停车的条件：有 4 层外呼向下且轿厢 4 层平层，没有 4 层外呼向下和 4 层内呼、有 3 层外呼向下且轿厢 3 层平层，没有 3 层和 4 层综合呼（内呼和外呼向上、向下）、有 2 层外呼向下且轿厢 2 层平层。

M512 得电停车的条件：有 1 层外呼向上且轿厢 1 层平层，没有 1 层外呼向上和 1 层内呼、有 2 层外呼向上且轿厢 2 层平层，没有 1 层和 2 层综合呼（内呼和外呼向上、向下）、有 3 层外呼向上且轿厢 3 层平层。

M515 得电停车的条件：上升过程中，有 2 层外呼向上且 2 层平层或有 3 层外呼向上且 3 层平层。

M516 得电停车的条件：下降过程中，有 3 层外呼向下且 3 层平层或有 2 层外呼向下且 2 层平层。

M510 得电停车的条件：任一内呼（1~4 层）到达相应平层时。

5）开关门及上下运行控制。4 层电梯开关门及上下运行控制程序如图 2-42 所示。当 M100 得电，表示要停车，这时断开 Y002、Y003（停止上升或下降），且自动开门。M110 得到 M100 的上升沿，触发 Y016 得电并自锁（开门），同时 T0 计时 3s，即为开门所用时间。T0 计时到如有呼叫则自动关门（Y017 得电）。关门时间由 T1 设定。在开、关门时 M200 得电，上升（Y002）和下降（Y003）被断开。

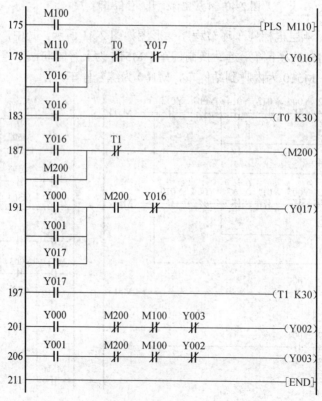

图 2-42 4 层电梯开关门及上下行运行控制程序

(3) 外部接线

4 层电梯控制外部接线如图 2-43 所示。

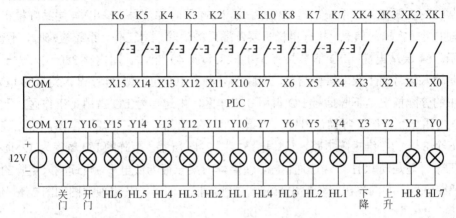

图 2-43 4 层电梯控制外部接线

2.4 电梯的微机控制系统

目前电梯控制已由过去的继电器控制转向微机控制方式，下面介绍单片机电梯控制系统与多微机电梯控制系统。

2.4.1 电梯的单片机控制系统

本节介绍单片机在电梯集选控制系统中的应用，该系统采用两片 8031 单片机，一片为中央控制机，命名为主机；一片为呼梯信号和显示信号处理机，命名为从机。主机、从机通过 I/O 口交换信息。单片机的接口可控制 64 层站客梯，下面重点介绍外部接口电路，其系统框图如图 2-44 所示。

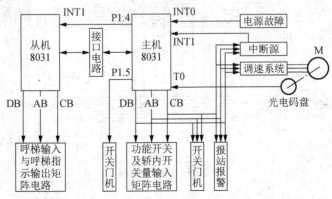

图 2-44 单片机控制电梯系统框图

1. 从机

从机的主要任务是系统正常工作时，输入64层呼梯信号，输出64层站呼梯指示信号，与主机交换输入信息，执行电梯平层停梯后的消除信号工作。系统检修时，不查号，不指示。64层站电梯，I/O信号共有380（2×3×64-4）个，占用内存380位。由于输出信号是输入信号的"或"累积结果，实际上只占了190位，即24字节。信号的I/O，在内存中的分配情况是下呼信号I/O占用0工作区，内选信号I/O占用1工作区，上呼信号I/O占用2工作区。呼梯信号输入和指示信号输出为一个三维矩阵电路，可以等效地看成6个8×8的二维矩阵电路，具体电路如图2-45所示。矩阵的I/O频率为125Hz。电路的工作原理是向00H口送选通信号，使矩阵的某一行为低电平，再读输入矩阵的相应8层呼梯信号，并向输出矩阵输出相应8层呼梯指示信号，其原理框图如图2-46所示。

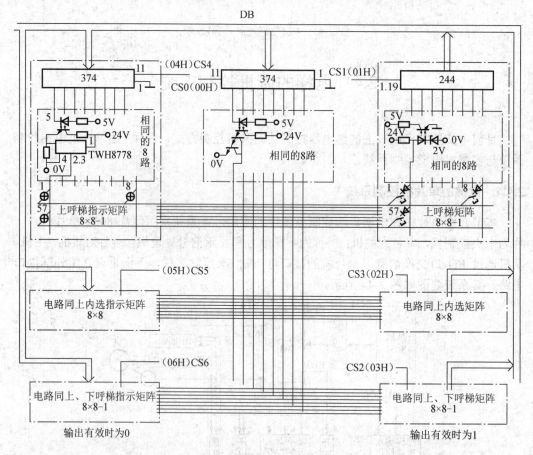

图2-45 矩阵电路图

第 2 章 电梯的电气控制系统

图 2-46 矩阵电路原理框图

2. 主机

主机的矩阵电路是完成各种功能开关及轿内各种信号的输入，其电路如图 2-47 所示。各类信号介绍如下：第一行是检修类信号，检修开关为双刀单投开关，A1.1 为自动/检修运行，A1.2 为机房检修，A1.3 为轿顶检修，A1.4 为轿内检修，A1.5 为各种检修上行，A1.6 为各种检修下行，A1.7 和 A1.8 为未定义功能开关；第二行是门类开关信号，A2.1 为开门限位开关，A2.2 为关门限位开关，A2.3 为厅门联锁开关，A2.4 为门障碍物光电检测开关，A2.5 为安全触板开关，A2.6 为手动开门按钮，A2.7 为手动关门按钮；第三行是 8 路数字称重输入；第四行是 6 位层站编码器输入，传感器由装在轿厢顶的 6 个磁性双稳态开关，与安装在井道中的 6 列 63 行不同极性排列组合的磁铁（实际只用 120 块），形成硬件编码器；第五行是平层、减速点类开关，A5.1 为平层开关，A5.2 为精确平层开关，A5.3 为上行高（满）速减速点，A5.4 为上行高速减速校正点，A5.5 为下行高速减速点，A5.6 为下行高速减速校正点。

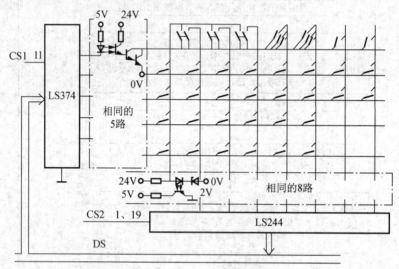

图 2-47　主机矩阵电路

3. 主、从机接口

主、从机接口电路用于完成主、从间的信号传输，即主机要查询某层站是否有呼梯信号，以及到达某层站停靠后向从机发出消号指令。主、从机接口方式有两种，一种是普通 I/O 接口方式，一种是共享外部数据存储器 RAM 方式。

第一种方式接口电路框图如图 2-48 所示。当主机需要查询某层站是否有呼梯信号时，向从机发出中断信号请求，同时清除上次从机送来的信号，并送出相应的控制字，从机在收到中断信号后根据控制字执行相应的操作。当为查询时，则将某层站的上、内、下 3 个呼梯信号和数据有效标志 1，经 LS273 送到主机 P1 口的低四位（即 P1.0～P1.3），主机根据标志位以确定数据是否有效。当为消号时，从机根据控制字将相应内存位清零，并向主机送标志位 1 作为应答信号。中断子程序框图如图 2-49 所示。LS121 的延时时间应短于中断子程序的执行时间，以便主机的再次中断请求。

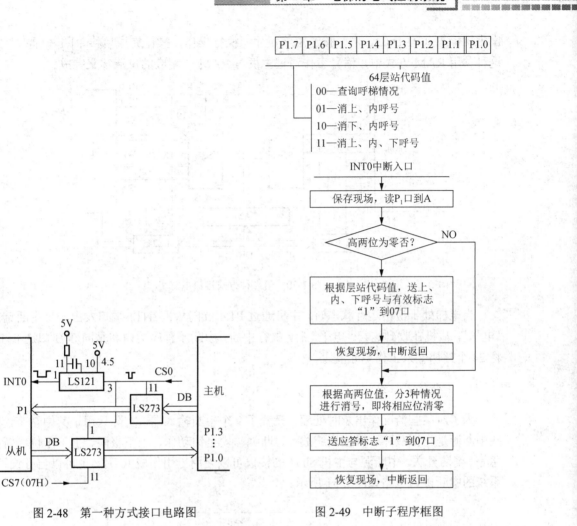

图 2-48　第一种方式接口电路图　　　图 2-49　中断子程序框图

第二种方式接口电路如图 2-50 所示，靠共享外部数据存储器 RAM 的方式进行呼梯输入、消号输出。这种接口的优点是加快了主、从机数据传输的速度。当采用这种接口方式时，从机的中断子程序被省略，同时程序框图也需要做相应的修改，并注意外部数据存储器 RAM 和其他 I/O 的地址分配问题。其工作过程叙述如下：从机在初始化时，首先将 P1.0 位清零，完成向主机输出占用 RAM 的标志，同时接 RAM 的各种信号线，并对 RAM 中的 24 个呼梯工作单元清零，然后置 P1.1 位为 1，以便主机可以访问 RAM。主机在初始化时，首先要将 P1.1 位置 1，以免出现共用 RAM 的总线竞争。其后从机每次向 RAM "或"写入数据和读出数据时，都必须先判断 P1.0 位是否为 1，即主机是否占用 RAM 的标志位。当为 1 时，置 P1.1 位为 0，再对 RAM 进行读写操作，操作完后将 P1.1 位置 1。当 P1.0 位为 0 时，循环判断，直到为 1 时才能对 RAM 进行操作。主机对 RAM 的操作同从机一样，也必须先判断从机是否占用 RAM 的标志位 P1.0，然后发出占用标志（P1.1=0），同时接通总线，才能执行操作，操作完成后将 P1.1 位置 1。在这种共用 RAM 方式中，消号工作通过主机对 RAM 中相应的位清零来完成。

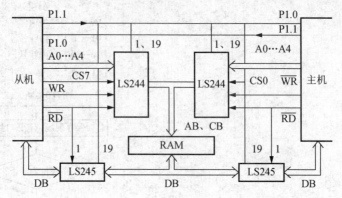

图 2-50　第二种方式接口电路

当电梯处于检修运行状态时，主机通过 P1.4 位向从机 INT1 端口发出一个中断请求"电平"，从机在收到这一"电平"后，执行中断，中断子程序的内容是向 00H 口送 FFH，将 24 个呼梯输入工作单元清零。

4. 中断输入系统

为了对某些情况作出及时处理，设置了 9 个中断输入端，实际只用了其中 7 个。这些中断源是电源故障、调速系统故障、断绳与安全钳动作、上下极限、上下限位、轿内急停、消防开关。中断源与主机 8031 的接口可以采用专用集成 IC 片，也可以自行设计，系统的中断接口电路如图 2-51 所示。

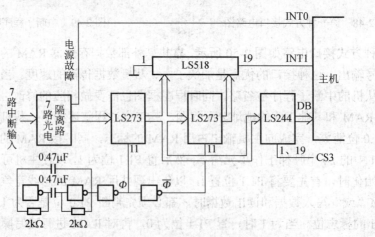

图 2-51　系统的中断接口电路

电源故障中断直接输入到 INT0 端，其他中断共用一个输入端 INT1。电路工作原理为由反相器组成的 1kHz 左右的方波发生器，经过反相后产生两路脉冲信号 Φ 和 $\overline{\Phi}$，分别输入两片 LS273，使每一路中断信号的输入在一个周期内进行两次比较。如果某一路中断信号发生了电平跳变，经过比较器的比较后，就会输出一个低电平（0.5ms）到 INT1 端。主机响应中断后，通过 LS244 读入所有中断信号，与上一次读入的中断信号进行比较，确定是哪一路中断信号发生了变化，并作出相应的处理。

5. 指层器输出电路

指层器的显示方式为动态七段码显示方式，即交流电的一个半周显示上行运行与十位数七段码，另一半周显示下行运行与个位数七段码。为了便于画图和说明，将其定义为两个八段码。指示器输出显示电路如图 2-52 所示。

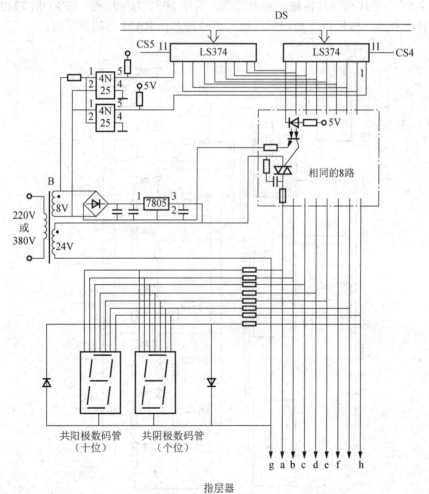

图 2-52　指层器输出显示电路

指层器的工作原理：主机将要显示的层数代码与运行方向（0 有效）分别写入两片 LS374（十位与个位），两片 LS374 的对应输出端相连。在同步电压的作用下，两片 LS374 分时输出 8 段数码值，经光耦合器隔离后驱动相应的 8 路双向晶闸管。晶闸管导通后，对应段的发光二极管就被点亮。

6. 串行传输系统

电梯的召唤或指令信号及其对应的记忆灯指示信号是通过控制器分时接收和分时发出的，因此称为串行传输。

串行传输信号敷线少，查线维修方便。下面介绍一个单片机串行传输系统，它只用了 12 根线。

（1）系统的控制器

图 2-53 为单片机串行传输控制原理图。其中 8031 为单片机，EPROM 2732 用于存放串行管理程序，按钮信号和记忆灯指示信号写入该 RAM 的相应区间。

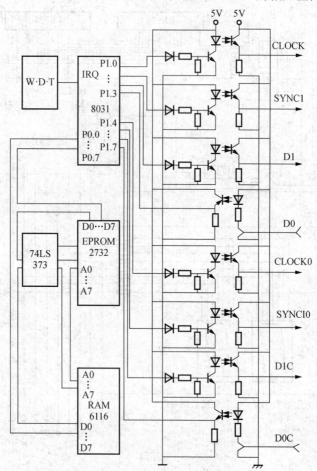

图 2-53 单片机串行传输控制原理图

（2）系统的信号处理部分

图 2-54 为信号处理板电气原理图。图 2-54 中 M01 为与非门芯片，M02～M05 是与门电路，M06～M11 为 D 触发器芯片，M12～M14 是反相器，VT1、VT2 是中功率开关晶体管；图中同步信号 SYNC1、时钟信号 CLOCK、数据信号 D1 由控制屏中的控制器发出。D1 是各楼层的召唤、指令记忆灯的状态信号，当 D1 为 1 时，与同步信号 SYNC1 相应的楼层召唤记忆灯（在召唤盒内）或指令记忆灯（操纵箱内）点亮。

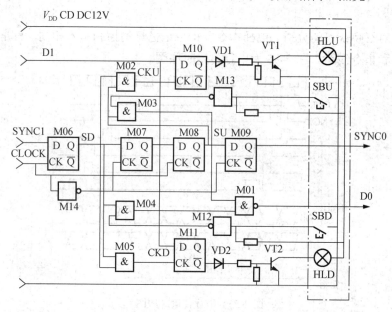

图 2-54　信号处理板电气原理图

（3）串行传输波形分析和信号 I/O

1）同步信号 SYNC1 的连接及其波形分析。控制屏输出的同步信号 SYNC1 仅输入至电梯的最上层召唤盒中的信号处理板，次上层的信号 SYNC1 与最上层的 SYNC0 信号线连接，依此类推，即电梯下一层楼的 SYNC1 与上一层楼的 SYNC0 相连接。微机输出的同步信号 SYNC1 的波形为脉宽是一个时钟周期的高电平。由于同一层站中的 SYNC0 信号落后于 SYNC1 两个时钟周期，因此微机扫描整个召唤系统的按钮信号和召唤记忆灯的指示信号一次循环时间为 2 $\times$ 7（层站数）个时钟周期。

2）按钮信号回路波形分析。从分析图 2-54 可知，SU、SD 分别是上、下行召唤的开启信号，其信号波形均是脉宽为一个时钟周期的高电平，但 SU 信号落后于 SD 信号一个时钟周期。当 SU（或 SD）为高电平时，允许上行召唤按钮信号（或下召唤按钮信号）输入，否则按钮无效。也就是说，当 SU 为高电平时，该层的上行召唤按钮有人按下，则此周期内，微机采集到的 D0 信号为 1；若在此周期内，该层的上行召唤按钮无人按下,微机采集到的 D0 信号为 0。

3)召唤记忆灯控制回路波形分析。CKU 与 CKD 分别为上、下行召唤记忆灯的时钟信号,CKU 信号落后于 CKD 信号一个时钟周期。召唤记忆灯信号的输入受 CKU(或 CKD)时钟控制,仅当 CKU 信号处于上跳变的时钟周期内,且微机输出的数据 D1 为 1 时,该层站的上行召唤记忆灯点亮;若微机输出的 D1 为 0 时,则灯灭。同样,下行召唤记忆灯的亮与灭与在 CKD 的上跳变周期内采集到的 D1 信号有关,D1 为 1 时,灯亮,反之灯灭。

以上是对召唤线路的分析,电梯指令和指令记忆灯的控制基本相同,只是微机分时地控制召唤和指令线路。图 2-55 为串行传输时序图。

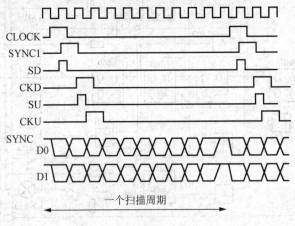

图 2-55　串行传输时序图

(4)系统软件

图 2-56 是串行传输程序流程框图。主机起动后,进行串行传输初始化。初始化主要完成电梯层站的赋值,即预置 R_0。R_0 值随着微机每产生一个 CLOCK 信号而减 1,当 R_0 值为 0 时,串行传输的一个循环结束。

在扫描过程中,当有按钮(或指令)信号时,存放该按钮信号的 RAM 单元内的值为 FFH,否则为 00H。至于是哪一层站的召唤信号应根据当时的 R_0 值来决定。微机输出的记忆灯信号取自 RAM6116 的相应单元。本程序的软件抗干扰措施为程序飞溢处理和防键抖动处理。当微机受到外界强干扰时,一旦产生飞溢,W·D·T 就会作用,强迫程序从起始处执行,从而避免了程序的溢出。防键抖动措施为延时 5ms,一旦微机采集到按钮信号时,微机延时 5ms,若第二次检测还是该召唤或指令,则认为该召唤或指令有效,否则丢弃。

第 2 章 电梯的电气控制系统

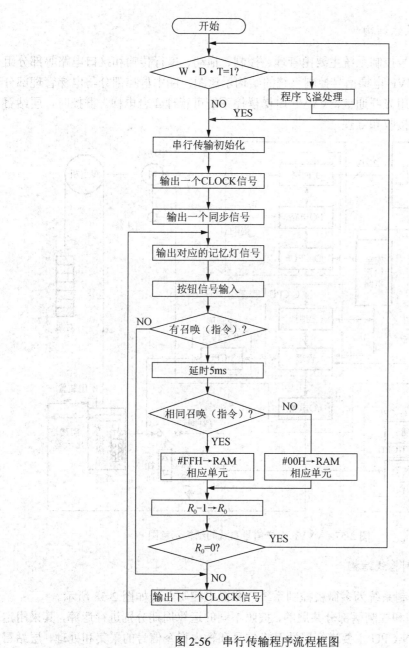

图 2-56 串行传输程序流程框图

2.4.2 电梯的多微机控制系统

本节主要介绍上海三菱电梯有限公司的多微机控制低速 VVVF 电梯的结构与功能。

1. 信号控制系统结构

VVVF 电梯信号控制系统主要由管理、控制、拖动、串行传输和接口电路等部分组成。图 2-57 是 VVVF 电梯信号控制系统的结构示意图,图中群控部分与电梯管理部分之间的信息传递采用光纤通信,VVVF 电梯群控系统可管理 4 台电梯。群控时,层站召唤信号由群控部分接收和处理。

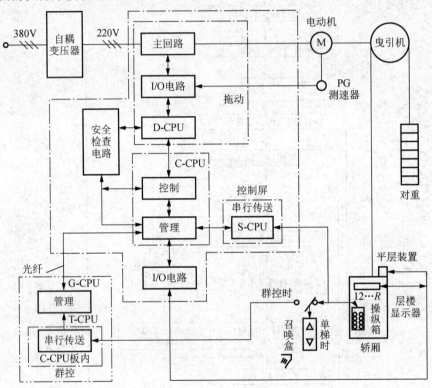

图 2-57　VVVF 电梯信号系统的结构示意图

2. 多微机控制总线结构

VVVF 电梯控制系统为多微机控制系统,多微机控制总线如图 2-58 所示。

C-CPU 为管理和控制两部分共用的,按照不同的运算周期分别进行运算,其采用定时中断方式运行。S-CPU 主要进行层站召唤信号和轿内指令信号的采集和处理,层站召唤信号和轿内指令信号均采用串行传输方式,并分两路相互独立传送信号。D-CPU 主要对拖动部分进行控制,C-CPU 和 S-CPU 均为 8 位微机,CPU 为 i8085;D-CPU 为 16 位微机,CPU 为 i8086。

第 2 章 电梯的电气控制系统

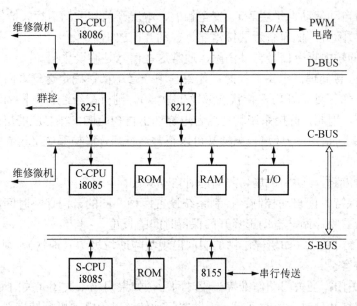

图 2-58 多微机控制总线

C-CPU 和 S-CPU 通过总线相互连接，为了使运算互不干扰，C-CPU 和 S-CPU 各自的 EPROM 地址互不重复，当 C-CPU 要读取 S-CPU 的信息时，先向 S-CPU 发出请求信息，S-CPU 应答后，C-CPU 才能读取 S-CPU 存储器中的内容。

C-CPU 和 D-CPU 通过 8212 接口连接，C-CPU 和维修微机通过总线连接，维修微机中的存储器地址和 C-CPU 存储器也互不重复，当维修微机接入后，通过维修微机和键盘可以读取 C-CPU 存储器的内容。

群控制时，C-CPU 配备通信接口 8251 和光纤，与群控系统进行光纤通信，传送电梯与群控系统交换的信息。同时，S-CPU 不再处理电梯的层站召唤信号，群内各台电梯的所有召唤信号均由群控系统的 T-CPU 处理。

3. 电梯管理及操作功能

由于多微机控制技术的应用，电梯控制技术向着多功能、智能化的方向发展。管理部分软件对整个电梯的运行状态进行协调、管理，其主要作用为处理层站召唤与轿内指令信号，决定电梯运行方向，提出起动、停止要求，处理各种运行方式等。

VVVF 电梯的管理软件为模块化设计，由 C-CPU 控制，决定电梯的主要运行方式和操作功能。

VVVF 电梯的操作功能很多，这里仅对其中一部分典型的、具有特色的操作功能做简要的说明。

（1）标准操作功能

标准操作功能就是每台电梯必备的操作功能。例如，电梯的自动运行方式（包括自动开、关门，自动起动、平层等）、安全触板、本层开门、手动运行（检修运行）等。

1）电梯故障时，低速就近层楼停靠，自动开门放出乘客。

2）反向的轿内指令信号自动消除，通常这些信号是错误登记。

3）自动应急处理：电梯群控时，如果其中一台电梯在确定运行方向后，数十秒尚未起动运行（如正处于开门保持状态或发生故障），则分配给这台电梯的层站召唤将迟迟得不到响应，因此，群控系统就把这台电梯切出群控范围，将对应的层站召唤分配给群内其他电梯去执行。一旦那台电梯又可以正常运行后，群控系统又重新把它接纳入群控范围。

4）无呼梯信号，轿厢风扇、照明延时自动关闭。

5）开门保持时间自动控制：控制系统设置两种不同的开门保持时间，电梯根据轿内指令停站或召唤停站，自动选择开门保持时间的长短。

6）电梯开门受阻（如所停层站的层门出现故障或垃圾卡入地坎），则换层停靠，自动开门放出乘客。

7）重复关门：当关门动作维持一段时间后，如果门仍未关闭（关门受阻），就改为开门动作，门打开延时一段时间后，再做关门动作（以免电动机堵转烧毁）。如此动作，直至门关闭为止。

（2）选择操作功能

1）强行关门：当电梯停层时运行方向确定数十秒后，如果门还没有关好（层站顺向召唤按钮卡住松不开，电梯关不了门），那么此时只要开门按钮没按下或安全触板没有动作，电梯就会强行关门，关闭后立即起动运行。

2）门的光电装置安全操作：如果电梯门光电装置的发射器或接收器被灰尘堵住，则这台电梯就不会关门。因此，本功能采取以下对策，其一，只要按下关门按钮，即使光电装置的光线被挡住，电梯照样关门，因为操纵者一定是看到门之间无人时才这么做的；其二，当连续数十秒光线被挡住后，电梯仍然会自动关门，因为一般说来不可能连续数十秒内不断有乘客进出轿厢。

3）门的超声波装置安全操作：电梯还可配有与光电装置作用相同的超声波装置，如有人站在电梯层门附近或有货物堆放在层门附近时，超声波装置将会误以为有人在进出轿厢。为此，本功能也有类似光电装置安全操作功能的对策，即按住关门按钮或连续数十秒测到目标时，电梯关门。

4）电子门安全操作：电子门操作保证不让乘客碰到门边缘，比光电装置和超声波装置具有更高的安全系数。电梯在关门过程中只要乘客或货物接近门边缘（约相距10mm），电子门动作，立即重新开门。

5）停电自动平层操作：当停电时，电梯停在两层站之间，过了几秒后，利用该装置起动电梯，低速运行到最近层停靠后，自动开门放出乘客，保证了乘客的安全。

6）轿内无用指令信号的自动消除（也称防捣乱控制）：当电梯探测到轿内指令信号数多于乘客人数时，就认为其中有无用指令信号，将其全部消除，真正需要的可重新登记。

7）层站停机开关操作：一旦关掉层站停机开关后，层站的所有召唤立即不起作用（已登记的信号也被消除），但轿内指令继续有效，直到服务完轿内指令信号后，电梯再返回到基站。自动开门保持一段时间后关门停机，同时切断轿内照明和风扇。

8）独立运行：群控时，所有群内电梯是由群控系统统一调配的，即每台电梯除了响应本身的轿内指令外，还要响应群控系统分配的层站召唤。当电梯司机合上轿内的独立运行开关后，这台电梯就开始独立运行（有司机操纵），即它不响应层站召唤（群控系统不把任何召唤分配给它），而仅响应本身的轿内指令信号，而且没有自动关门操作，即只能手动操作。

9）分散待命：当所有电梯（群控系统）处于待命状态时，保证一台电梯停在基站，另外一台电梯停在中间层站区。

除了上述操作功能外，VVVF 电梯的选择功能还有许多，如起动语音报站装置操作、电梯群控集中监控操作、紧急停电后操作、上班高峰服务功能、下班高峰服务功能、午餐时服务、会议室服务、贵宾层服务、节能运行、指定层强行停车、防犯运行、服务层切换、紧急医护运行、地震时紧急运行、即时预报（乘客一按下层站召唤就可知道群内由哪台电梯来响应）、自动学习（电梯自动统计大楼交通情况、学习调配电梯的最佳方法）等，限于篇幅，这里不再一一介绍。

4. 控制部分

控制部分的功能由 C-CPU 完成，其主要作用：①为管理部分提供电梯轿厢位置、运行中正常的减速与停车位置等数据，使其能正确作出如上行、下行、起动、停车等决定；②计算电梯运行过程中的速度图形，使驱动部分在给定的数据下，对电梯运行速度进行控制；③安全电路检查，电梯只有在满足规定的安全条件下才能运行。

控制部分的主要功能有选层器运算、安全检查电路、速度图形运算及电梯运行顺序控制。下面就前 3 个功能进行介绍。

（1）选层器运算

微机控制 VVVF 电梯采用微机选层器，由控制部分的 C-CPU 来完成。微机选层器根据管理部分决定的运行方式，接收电梯在运行时与曳引电动机同轴的脉冲编码器产生的脉冲信号，并计算出轿厢即时位置、层楼信号、最佳停层减速点位置和误差修正等。软件可将最佳停层减速点位置计算精度控制在 3mm 之内，因此，可使电梯获得很高的平层精度。

（2）安全检查电路

VVVF 电梯的安全检查电路非常全面、合理，充分保证了电梯安全运行，图 2-59 是安全检查电路示意图。其中 D-WDT 和 C-WDT 的功能是监视 D-CPU 和 C-CPU，用以检查 D-CPU 和 C-CPU 的工作是否正常。

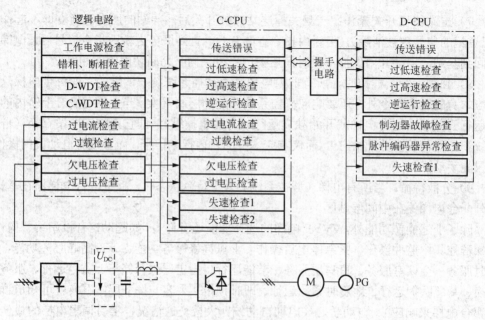

图 2-59 安全检查电路示意图

D-WDT 和 C-WDT 的检查功能和处理结果如下。

1）D-WDT。

① 检查功能：检查 D-CPU 因各种原因产生的失控运行和停止运行。

② 检查时间：电梯工作电源接通 3s 后，进行定时检查。

③ 处理方法：当 D-WDT 电路检查出 D-CPU 异常后，安全电路动作，控制柜上的发光二极管 WDT 随之熄灭，迫使电梯紧急制动，D-CPU 不能再启动。

2）C-WDT。

① 检查功能：检查 C-CPU 因各种原因产生的异常情况。

② 检查时间：电源接通后 3s 开始进行定时检查。

③ 处理方法：当检查到 C-CPU 的异常信号后，安全电路立即动作，发光二极管 WDT 熄灭，电梯在最近层站停层，C-CPU 不能再运行。

控制电路中，主电路接触器、制动器继电器和安全继电器的动作是非常重要的，为保证电梯的正常工作，安全电路对这 3 个元器件的动作进行了限制，只有当 D-CPU、C-CPU 和安全检查电路，三者同时满足安全条件时，才发出动作指令，其逻辑结构如图 2-60 所示。安全检查电路中的其他检查内容本书不再介绍。

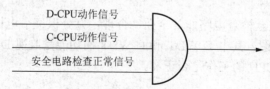

图 2-60 安全逻辑结构图

（3）速度图形运算

VVVF 电梯的速度图形曲线是由微机实时计算出来的，这部分工作也由 C-CPU 的控制部分完成。控制部分的 S/W 每周期计算出当时的电梯运行速度指令数据，并传送给驱动部分（D-CPU），使其控制电梯按照这个速度图形曲形运行。

为了提高电梯运行的平稳性和运行效率，必须对速度图形进行精确运算。因此，将速度图形划分为 8 个状态进行分别计算。速度图形各个状态的示意图如图 2-61 所示。

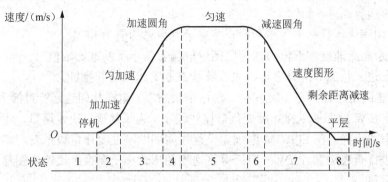

图 2-61 速度图形各个状态的示意图

1）停机状态（状态 1）。在电梯停机时，速度图形值为零，此时实际上并没有对速度图形进行运算，仅是在 C-CPU 的每个运算周期中为速度图形赋零，并设置加速状态和平层状态的时间指针。

需要说明的是，速度图形值是一个单字节的数据，因此控制部分产生的速度指令的速度等级最多不超过 256（因 8 位微机），实际速度指令的最大数据为 F3H，即 243，也就是说，当速度图形的值为 F3H 时，对应的速度是 1.75m/s。

当速度图形运算开始指令控制字为 FF 时，S/W 进入状态 2 运算。

2）加加速运行状态（状态 2）。电梯在起动开始时，首先做加加速运行。这个过程中，速度图形在每一运算周期的增量不是常数，而是随时间变化的数据。因此，在实际处理时，为便于运算，预先用数据表把不同运算周期的速度增量设置在 EPROM 中，S/W 在每个运算周期中，根据数据表内的速度增量进行运算。当时间指针小于零时，加加速运行状态运算结束，S/W 转入状态 3 运算。

3）匀加速运行状态（状态 3）。电梯在加加速结束后，即进行匀加速运动状态。在匀加速运行过程中，速度图形的增量是常数。实际运算时，CPU 进行常数增量运算。S/W 在运算过程中，若出现以下两种情况之一，即转入状态 4 运算。

① 速度图形值大于或等于状态 4 数据表中的开始数据值时。

② 剩余距离运算标志逻辑或剩余距离运算准备标志的值为 FF，且剩余距离速度图形值与减速度图形值的差小于或等于状态 4 开始比较值时。

S/W 在进入状态 4 运算之前，需要先设置加速圆角运算时间指针。

4)加速圆角运行状态（状态4）。如图2-61所示，加速圆角是指电梯从匀加速转换到匀速运行的过渡过程。在这个过程中，每一运算周期的速度增量不是常数，所以也采用了数据表的方式。S/W在每个运算周期中进行查表运算，直到运算时间指针小于零时，加速圆角状态运算结束，S/W转入状态5运算。

5)匀速运行状态（状态5）。在这个状态中，电梯匀速运行，速度图形增量为零，即加速度为零。当在这个状态运算过程中，出现以下两种情况之一时，结束本状态运算，进入状态6运算。

① 电梯满速运行标志逻辑和剩余距离运算标志的值为FF时。

② 剩余距离速度图形值与减速度图形值的差值小于基准比较值时。

S/W在进入状态6运算之前，先设置状态6的运算时间指针。

6)减速圆角运行状态（状态6）。在这个状态中，电梯从匀速运行过渡到减速运行。因此，每个S/W周期的电梯速度变化量比较复杂。为了精确、快速运算，此状态的处理方法与状态4一样，在EPROM中预先设置各周期中速度变化量数据表。S/W在每个运算周期中进行查表运算。S/W一直运算到速度图形值小于剩余距离速度图形值时，即转入状态7运算。

7)剩余距离减速运行状态（状态7）。以上所述的6个状态中，电梯的速度图形都是时间的函数。从状态7开始，即电梯进行正常减速运行时，速度图形是剩余距离的函数，其函数关系比较复杂，不能用简单的计算式来表示。所以，又采用了数据表的方法，即预先在EPROM中设置一个对应剩余距离的速度图形数据表。S/W根据此数据表中的值进行运算，当轿厢进入平层开始位置时，即由状态7转入状态8运算。

8)平层运行状态（状态8）。在状态8中的前一段时间里，速度随时间而变化。每个运算周期中的速度下降量是预先设置在EPROM中随时间变化的数据表中的数据值。当速度图形值小于平层速度指令的规格化数据值时，速度图形值被指定为平层速度指令的规格数据值。平层速度的规格化数据值是一个不小于零的值，它可通过旋转开关进行调节、设定。

当轿厢完全进入平层区，上、下平层开关全都动作时，电梯停车，平层状态结束，状态又恢复到状态1。

电梯运行顺序控制将在系统软件部分中介绍。

5. 拖动部分

拖动部分采用电压型电流控制变频器，应用了矢量变换控制和脉宽调制技术。拖动部分电路结构如图2-62所示，由控制电路和主回路两部分组成。控制电路以D-CPU为核心，对主电路实施控制。主回路由整流电路、充电电路、再生电路和逆变电路等基本电路组成。

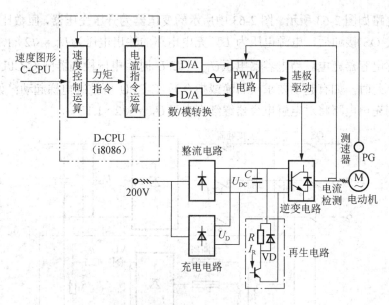

图 2-62 拖动部分电路结构图

(1) 速度图形

速度图形由 C-CPU 提供,运行过程中,C-CPU 向 D-CPU 传送速度图形。由于 C-CPU 是 8 位微机,而 D-CPU 是 16 位微机,两者的工作时钟和运算位数均不同,因此无法直接传送信息。为了使两者能相互协调,及时、可靠地传送信息,采用了以下两个措施:①在 C-CPU 和 D-CPU 之间用 8212 接口进行连接,8212 接口在这里相当于一个信箱。当 C-CPU 将信息送入 8212 接口后,8212 接口即向 D-CPU 发出通知,D-CPU 接到通知后,便从 8212 接口中读取信息,读完信息后 D-CPU 向 8212 接口发出信息(已读完信息信号),然后由 8212 接口向 C-CPU 发出可继续传送信息的信号,如此不断地进行信息传送。②D-CPU 接到来自 C-CPU 的 8 位数据信息后,先将此 8 位数据信息放大 64 倍,然后进行 16 位运算。

(2) 整流电路

整流电路采用简单的二极管三相桥式整流方式,向变频器直流侧供电。整流器由 3 块二极管模块组成三相桥式整流电路(或一块二极管模块组成),结构简单、体积小。

由于在整流电路输出侧有大容量的电解电容器,当整流电路的输出电压大于已充电的电解电容器电压时,整流电路才有电流输出,使电流中含有谐波,因此变频器直流侧的电压波形虽然较平滑,但是,电流波形却有失真,对系统有一定影响,这是一个缺点。

由于整流器是不可控的,因此对电网无公害,功率因数保持为 0.96 不变。

(3) 充电电路

为了保证电梯起动时,变频器直流侧有足够稳定的电压,必须对直流侧电容器进行预充电。因此,在变频器电路中增设了充电电路。

充电电路如图 2-63 所示。图 2-63 中所示的变压器为升压变压器，匝数比为 1∶1.1。当电源开关 QS 接通后，电源电压为 U，充电电路的输出电压为 $U_D=\sqrt{2}\times1.1U$，U_D 向直流侧电解电容器充电。当电容器电压 $U_{DC}=\sqrt{2}U$ 时，电压检测器向 C-CPU 发出充电结束信号。此时，如有起动要求（召唤或指令），C-CPU 可控制电梯起动；如果没有起动要求，则充电电路将对电解电容器继续充电至 $U_{DC}=\sqrt{2}\times1.1U$。

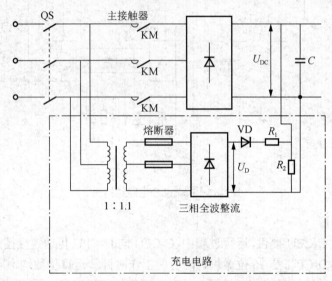

图 2-63 充电电路

当电梯需要起动时，主接触器（KM）接通，整流电路输出电压 $U_z=U$。因为 $U_z<U_{DC}$，所以在电梯起动前整流电路实际无电流输出。电梯起动后，U_{DC} 下降至小于 U_z 时，整流电路开始输出电流。为防止直流侧电流流向充电电路，在充电电路中接入了一只逆向二极管 VD。

充电电路的升压变压器设计为 1∶1.1 的目的是，加快对直流侧电解电容器的充电速度，使电梯能迅速具备起动条件。如果升压变压器设计为 1∶1，对电解电容器充电到 $U_{DC}=U$ 的时间，就要大于 2s，以致影响充电速度。充电电路充电过程的波形如图 2-64 所示。

（4）再生电路

由于拖动部分采用二极管整流电路，再生能量无法回馈给电网，而再生能量又必须释放。因此，在拖动部分加入再生电路，用以释放再生能量。

当电梯减速运行，曳引电动机处于再生发电状态时，电动机产生的再生能通过逆变电路的二极管向变频器直流侧的大容量电解电容器充电。当电容器的电压 U_{DC} 大于充电电路的输出电压 $U_D=\sqrt{2}\times1.1U$ 时，基极驱动电路发出信号，驱动再生电路中大功率晶体管 T7 导通，T7 导通后，再生能量通过 T7 流向再生电阻 R，并以发热形式消耗在再

生电阻 R 上。同时，当变频器直流侧电容器 C 也通过再生电阻放电至 $U_{DC}=U$ 时，使再生电路中大功率晶体管 T7 截止，再生能量对电容器充电。当充电至 U_{DC} 大于充电电路电压 U_D 时，T7 又导通，再生能量又释放在再生电阻 R 上。如此重复，直至再生发电状态结束。再生状态的波形如图 2-65 所示。

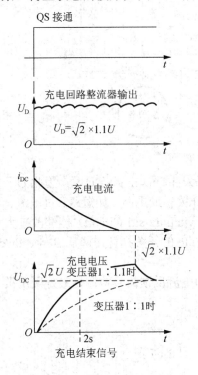

图 2-64 充电过程的波形图

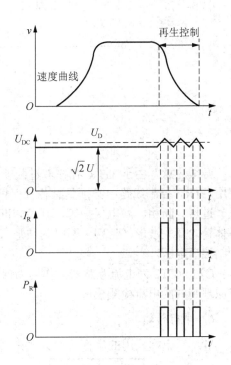

图 2-65 再生状态的波形图

（5）逆变电路

拖动部分变频器逆变电路主要由大功率晶体管（GTR）模块和缓冲器组成。逆变电路的结构如图 2-66 所示。

逆变电路中的 GTR 均为达林顿型，内带续流二极管。GTR 在逆变电路中相当于一个开关，起通断作用。来自 D-CPU 的电流指令，经正弦波 PWM 电路调制和基极驱动电路放大后，按排序分别触发 GTR 基极，使其导通。PWM 信号为上半周时，上 GTR 导通；PWM 信号为下半周时，下 GTR 导通。为防止上、下 GTR 同时导通，造成直流电源短路故障，在上、下 GTR 之间设置了间隔时间，即上、下两个 GTR 中，任意一个 GTR 由导通变为截止后，必须经过一个间隔时间，另一个 GTR 才能被触发导通。

逆变电路中的缓冲器用来吸收 GTR 导通和截止过程中所产生的浪涌电压，保护 GTR。在这里缓冲器的作用是不可忽视的。

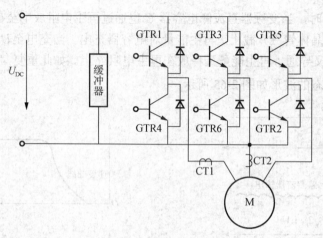

图 2-66 逆变电路的结构

必须注意,由于 GTR 存在着过载能力差和易发生二次击穿等问题,因此为了安全使用 GTR,控制线路中必须具有各种保护功能和开关辅助电路,如短路、过电流、过电压、过热、断相、漏电保护等。开关辅助电路(Switching-aid Circuit)能够改善大功率晶体管的开关波形(特别关断时的波形),减少 GTR 的开关损耗,降低 di/dt、dv/dt 和抑制浪涌电压。

CT1、CT2 为电流互感器,作用为保护信息和电流反馈信号检测,最好采用霍尔效应原理制成的电流检测模块。

6. 串行传输

VVVF 电梯采用的串行传输方式,其连接图如图 2-67 所示。

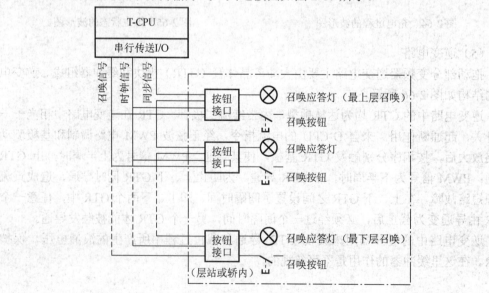

图 2-67 串行传输连接图

串行传输的基本思想：将发送信号侧由按钮动作产生的多个并行二进制（0、1）信号，变换成以时间顺序排列的串行信号，并在一根传输线上依次传送这些信号，信号传输到接收信号侧时，再变换成并行二进制（0、1）信号。串行传输方式，仅需数根信号线和相应的接口电路，就能满足具有 N 个服务层电梯的召唤信号的传送需要，大大减少了信号传输线的数量，使传输效率和可靠性得到了很大的提高。

VVVF 电梯的串行传输由 T-CPU 控制，其电路的硬件结构如图 2-68 所示。图 2-68 中 I/O 接口电路采用了专用的混合集成电路芯片，其作用类似于调制解调器。串行传输用扫描方式检测按钮信号，在一个扫描周期里对所有按钮进行一次扫描。

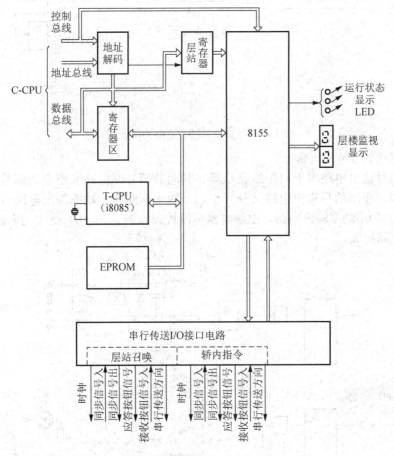

图 2-68 串行传送的硬件结构

7. 外部 I/O 电路及脉冲编码器

VVVF 电梯控制系统中，微机与外部电路（如安全开关、信号显示器和到站钟等）的信息均需通过外部 I/O 电路进行传输。外部 I/O 电路主要有触点信号接收电路和驱动信号输出电路两大类。为了防止噪声，I/O 电路均采取了隔离措施，并使用内、外电路的工作电源和接地相互独立。

(1) 触点信号接收电路

触点信号接收电路用于接收门机、平层装置和各种安全开关等外部电路的信号，信号经过光耦合器隔离后，向 CPU 总线传输。图 2-69 是典型触点信号接收电路的接线图，这是一个被广泛应用的电路，结构简单，实用性较强。

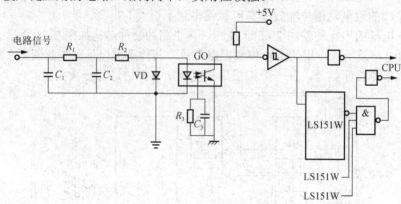

图 2-69 触点信号接收电路的接线图

(2) 驱动信号输出电路

驱动信号输出电路用于向层站显示器、制动器等外部电路输出驱动信号。由于驱动功率不同，驱动信号输出电路又分为小功率输出电路和大功率输出电路两种电路。图 2-70（a）为小功率输出电路，由继电器电路构成；图 2-70（b）是大功率输出电路，由晶闸管电路构成。

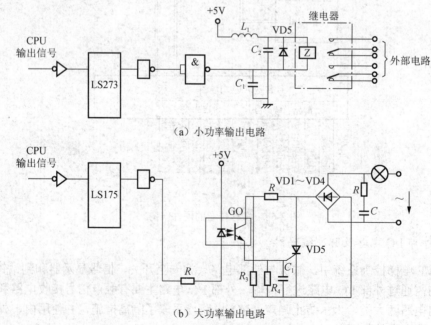

(a) 小功率输出电路

(b) 大功率输出电路

图 2-70 驱动信号输出电路

第 2 章 电梯的电气控制系统

（3）脉冲编码器

脉冲编码器是检测电梯运行速度的装置，与曳引电动机同轴安装。当曳引电动机旋转时，脉冲编码器随之旋转，并产生脉冲信号输出。脉冲编码器在单位时间里产生的脉冲数，反映了曳引电动机的转速。因此，脉冲编码器的脉冲序列可作为拖动部分的速度反馈信号。

脉冲编码器的基本结构及其脉冲波形如图 2-71 所示。用于拖动部分速度检测的脉冲编码器的每转脉冲数是根据不同的需要进行选择的。通常，电梯运行速度越快，要求脉冲数越多。脉冲编码器脉冲数与电梯速度的匹配关系见表 2-2。

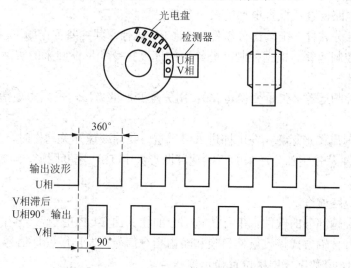

图 2-71 脉冲编码器及其脉冲波形

表 2-2 脉冲编码器脉冲数与电梯速度的匹配关系

电梯速度/（m/s）	脉冲数
1.5、1.75	1024
2~4	2048
5~6	4096

8. 系统软件

（1）软件组成

VVVF 系统由多微机控制，软件为模块化结构，其内容丰富、灵活、扩展性强。因此，可适用各种场合的不同需要。这里介绍的软件内容，仅限于单梯，不包括群控软件，VVVF 电梯的软件主要由以下 4 个部分组成。

1）管理部分的软件。管理部分的软件由 C-CPU 执行，其主要工作如下。

① 根据轿厢指令和厅门召唤信号，确定电梯的运行方向。

② 在电梯停机时，提出高速自动运行的起动请求。

③ 在高速自动运行的过程中，提出减速停机请求。

④ 各种电梯附加操作，如返回基站、自动通过等动作顺序的控制。

⑤ 开关门的时间控制。

2）控制部分的软件。控制部分的软件也由 C-CPU 执行。在结构上，它是管理部分软件的从属部分，但内容完全独立。其主要工作如下：

① 选层器运算：计算轿厢位置信号、层站信号、剩余距离等。

② 速度图形运算：计算电梯运行过程中的速度指令。

③ 安全电路检查：检查电梯的安全条件。

3）拖动部分软件。拖动部分软件由 D-CPU 执行，其主要工作如下：

① 速度控制运算：根据控制部分给出的速度指令和反馈回来的实际速度，计算出力矩指令。

② 电流控制运算（矢量变换运算）：用矢量变换的方法，根据力矩指令，算出各相瞬时电流指令。

③ TSD 速度图形运算：在电梯进入终端层，终端减速开关动作时，进行 TSD 速度图形运算。如果从控制部分送来的正常速度图形大于 TSD 速度图形，电梯就按 TSD 速度图形减速。

④ 安全电路检查。

4）串行传输部分的软件。串行传输部分的软件由 T-CPU 执行，其主要工作如下：

① 用串行传输方式接收层站召唤和轿内指令信号，发出应答灯信号。

② 轿内 16 段数字式层楼位置显示器信号。

如果电梯群控运行，则电梯的层站召唤信号和应答灯信号由群控微机处理，轿内指令信号、应答灯信号和轿内 16 段数字式层楼位置显示器信号仍由本梯 T-CPU 处理。

（2）软件的形式

VVVF 电梯需要软件处理的内容很多，既有逻辑运算，又有复杂的数值运算（矢量变换运算）。为了使软件能快速、正确地处理各种运算，针对不同的处理内容，将软件设计成不同的形式。

软件的形式主要有映射表（Equmap）、存储器映射表（Memory Map）、数据表（Data Map）、流程图（Flowchart）和梯形图（Ladder）等。其中映射表的作用是，设置各程序的入口地址和 I/O 地址，以及重要常数等。存储器映射表的主要作用是，规定 RAM 区的所有数据名的地址。数据表的作用是，将较复杂的数值运算中需要用到的自变量值和函数值预先设置在数据表中，表中每个单元的内存地址对应一个自变量值，而单元中的内容是其对应的函数值，这样在具体运算某个函数关系时，只要根据其自变量的地址查找数据表即可得到相应的函数值，从而使运算得到简化。这 3 种形式是软件中的准备部分，是需要通过执行程序处理的，而本身不能运算。软件的另外两种形式，即流程图和梯形图是软件的主体。

第 2 章 电梯的电气控制系统

在 VVVF 电梯中,凡涉及数值运算的软件都是通过流程图设计的。例如,控制部分的选层器运算和速度图形运算、管理部分的规格数据设定、拖动部分的速度控制和电流控制运算、串行传输的所有运算,以及群控管理部分的评价值运算等。

梯形图是从传统的继电器逻辑控制电路发展而来的软件的表现形式。梯形图的优点是,能够很方便地设计逻辑运算,缺点是不能进行数值运算。根据这个特点,凡涉及逻辑运算的软件都通过梯形图设计。例如,控制部分中负责的电梯运行的顺序控制和安全电路、管理部分中负责的电梯各种操作的顺序控制、拖动部分的安全电路控制等。

梯形图和流程图是设计者设计意图的体现,是软件执行的依据。但是,梯形图和流程图本身无法使微机运行,具体实现时,必须先根据梯形图和流程图编制与微机相对应的汇编程序,然后与其他形式制成的软件一起输入微机,由微机执行。

流程图设计完毕之后,编制相应的汇编程序是很容易的。将梯形图编制成汇编程序的工作,可以由人工编制,也可以通过 CAD 系统进行。

(3) 软件的运算周期

多微机控制的 VVVF 电梯中,各微机分别执行不同部分的软件。为了使软件能够快速、合理地被执行,对每个部分的软件都规定了不同的运算周期,并采用中断方式执行不同的运算程序。下面对 C-CPU 和 D-CPU 的运算周期做一些简要的说明。

1) C-CPU。C-CPU 执行的软件可分为 3 大部分,即运算周期为 25ms 的控制程序 1、运算周期为 50ms 的控制程序 2 和运算周期为 100ms 的管理程序。为了实现这 3 个运算周期,每次中断时,微机按图 2-72 所示的流程图进行处理。实际运算时,各程序的时间分配如图 2-73 所示。

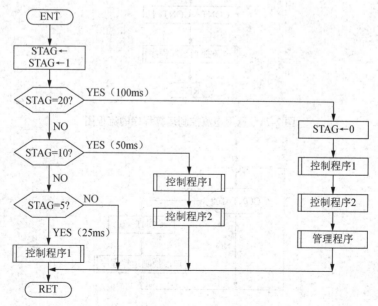

图 2-72 各程序的中断方式流程图

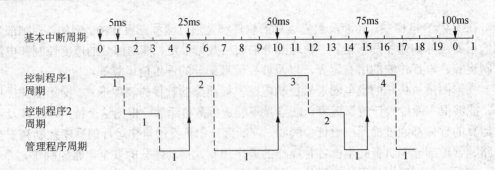

图 2-73　各程序的时间分配示意图

由图 2-73 可见，在 100ms 中，管理程序运算了一次，控制程序 2 运算了两次，而控制程序 1 运算了 4 次。管理程序运算结束后，微机处于循环等待状态，直到第二个 100ms 周期的到来。

2）D-CPU。D-CPU 执行的软件也有几种运算周期，不同的程序在不同的运算周期中运行。

① 电流控制运行程序的运算周期为 1ms，每发生一次中断时，D-CPU 即按图 2-74 所示的流程图进行运算。

② 速度控制运算程序的运算周期为 10ms，每发生 10 次中断，D-CPU 即调用一次速度控制程序，处理方式如图 2-75 所示。

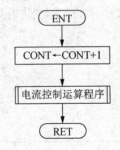

图 2-74　调用电流控制运算程序的流程图

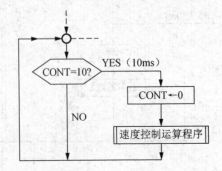

图 2-75　调用速度控制运算程序的流程图

③ 在 10ms 周期运算的程序中，双缓冲区梯形图程序的运算周期为 40ms。为此，把这部分程序分成 4 个部分：数据输入程序（即缓冲数据部分）、第一子程序 BLOCK1、第二子程序 BLOCK2 及数据输出程序（即触点数据更新）。实际处理的流程图如图 2-76 所示。

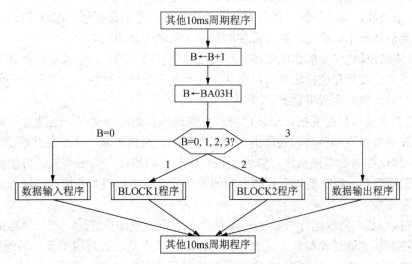

图 2-76　调用双缓冲区梯形图的程序流程图

D-CPU 对电流控制运算程序和速度控制运算程序的运算时间分配如图 2-77 所示。在 10ms 时间里，速度控制运算程序（10ms 周期程序）运行了一次，而电流控制运算程序（1ms 周期程序）运行 10 次，10ms 周期程序是在 1ms 周期程序的运算间隙中运行的。在 10ms 周期程序运算结束到第二个 10ms 周期之间的 1ms 周期程序运行间隙中，D-CPU 处于循环等待状态。

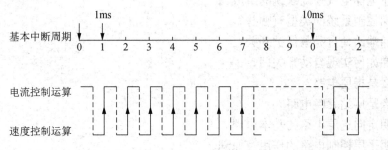

图 2-77　电流控制和速度控制运算的时间分配示意图

2.5　电梯一体化控制系统

电梯一体化控制系统是将电梯的逻辑控制与变频驱动控制有机结合和高度集成的

控制系统。该控制系统将电梯专有微机控制板的功能集成到变频器控制功能当中，在此基础上，将变频器驱动电梯的功能充分优化。电梯一体化控制系统具有以下特点：

1）控制和驱动一体化的技术，不仅从根本上提高了电梯的运行性能和可靠性，更在占地空间、外部配置、安装调试和制造成本上给客户带来无可比拟的实惠。

2）N 条曲线、直接停靠、楼宇智能、远程监控、短消息报修、PDA 调试、蓄电池运行等全套最新技术的应用，给电梯控制提供了新的发展方向。

3）传统的控制板+变频器的结构，对曲线的数目做了约束，电梯运行效率不高，一体化控制不对曲线数目进行限制，可自动生成无数条曲线，再加上直接停靠的效果，将电梯运行的效率提高到极限位置。

4）基于大量信息的变换，一体化可以更准确地判断电梯状况，迅速进行调整，且对电梯故障的判断更加精准，处理更加灵活。例如，直接停靠、高平层精度的实现。

5）一体化控制的电梯系统，省去了控制板与变频器接口的信号线，方便使用的同时，减少了故障点。控制板与变频器之间的信息交换不再局限于几根线，可以实时进行大量的信息变换。

6）直接停靠，每次运行节省 3~4s 的爬行时间，乘坐更舒适，减少乘客的焦躁心理。一些控制板也通过模拟量方式做了直接停靠，其不足之处是模拟量容易受到干扰。一体化的结构通过芯片之间的数据变换代替模拟量，解决了这个问题。

思 考 题

1. 什么是电梯的电气控制系统？
2. 简述电梯电气控制系统的组成。
3. 电梯控制系统的类型有哪些？
4. 电梯端站处有哪些保护开关？
5. 电梯如何实现自动开关门？
6. 什么是指层电路？
7. 什么是层站召唤电路？
8. 说明定向选层电路的基本原理。
9. 说明平层控制电路的作用及原理。
10. 说明检修开关的控制原理及工作顺序。
11. 电梯的 PLC 控制系统有哪些优点？
12. 说明电梯的微机控制原理。

第 3 章 电梯故障诊断与检修

现代的电梯汇集了许多高、精、尖技术，有些单元系统的信号处理已实现了数字化，电路和结构已远非早期的电梯所能比拟。维修这类设备颇具难度。对于初学维修电梯的人员来说，可能不知从何入手。即使是经验丰富的维修人员，也急需更新知识，才能适应维修工作的需要。

3.1 电梯的相关操作

1. 电梯安全可靠运行的充分与必要条件

电梯安全可靠运行的充分与必要条件如下。

1）必须把电梯的轿门和各个层楼的电梯层门全部关闭好，这是电梯安全运行的关键，是保障乘客和司机等人员的人身安全的重要保证之一。

2）必须有确定的电梯运行方向（上行或下行），这是电梯最基本的任务，即把乘客（或货物）送上或送下需要停层的层楼。

3）电梯系统的所有机械及电气机械安全保护系统有效而可靠，这是确保电梯设备和乘客人身安全的基本保证。

2. 正常使用操作程序

（1）启用电梯

首先闭合电梯电源开关，开启设置在呼梯盒上的钥匙开关（即锁梯开关），钥匙的方向对准"运行"，这时候电梯进入运行状态，电梯会自动开门、层楼显示器显示轿厢所在层楼位置，延时几秒后将自动关门。这时使用者可以在电梯轿厢内的操纵盘或电梯轿厢外的呼梯盒上操纵电梯。

（2）厅外召唤的登记和消号

按呼梯盒上的外呼按钮即可对电梯进行外呼控制。当乘客要上行时，可按厅外的上行召唤按钮。相反，当乘客要下行时，可按厅外的下行召唤按钮。厅外召唤被登记，且相应外呼按钮指示灯点亮。

当电梯到达目的层站后，将与电梯运行方向一致的召唤信号消去，相应外呼按钮指示灯熄灭；只有当电梯到达最后一站时，将该层的上、下方向召唤信号一起消去，上、下外呼按钮指示灯都熄灭。

（3）轿内指令的登记与消号

当轿内乘客在轿内操纵板上按下要前往楼层的相应按钮时，电梯控制器对该信号进行登记，相应层楼的内选按钮指示灯点亮。

当电梯到达目的层站后，该层内选按钮指示灯熄灭，内选指令消号。

（4）停用电梯

当电梯需要停止运行时，将电梯停靠在基站关好门后，把钥匙开关拨至"锁梯"位置，电梯动力电源被切断，则电梯停止工作。

3. 检修运行操作程序

（1）检修功能启用

在电梯机房、轿顶和轿厢里一般都安装有检修操作盒。当需要检修运行时，将正常/检修运行转换开关拨至"检修"位置，电梯进入检修运行状态。

（2）检修操作

电梯在检修运行时，无指令登记，不应答召唤信号，只能做点动运行。点动开门、关门，点动慢上、慢下，电梯以检修速度运行。

当电梯发生故障进行检修时，要冷静地进行分析、检查。按照一定的原则和方法小心地排除故障。万万不可毫无目的地对电梯进行检修，以免扩大故障范围。

3.2　电梯诊断与检修注意事项

电梯故障的检修人员必须受过专门技术培训和安全操作培训，并经考试合格取得作业人员资格证书，方可独立操作。在电梯故障检修时，通常应注意以下问题。

3.2.1　诊断与检修前的准备

从大量的维修实例来看，国内外电梯型号繁多，虽然各种电梯基本单元系统（电路）的原理基本相同，但内部结构及各零部件的位置可能有所不同。因此，在实际检修电梯故障之前，应做好准备工作。

1. 准备测试仪器

万用表是必备的，并且还要配备兆欧表（500V）、钳形电流表（300A）、接地电阻测量仪、功率测量表、转速表、百分表、拉力计（10N、200N各一个），有条件的还可配备秒表、声级计（A）、点温计、便携式限速器测试仪、加速度测试仪、对讲机（对讲距离可在500m左右）等仪器。利用仪器检修，不仅可检查出难以判断的故障，还可以提高检修质量和检修速度。

2. 准备检修工具

在检修电梯故障之前必须置备常用的检修工具，如常用电工工具，各种型号的螺钉旋具、小刀，各种规格的扳手（活扳手、呆扳手及内六角扳手、套筒扳手等），游标卡尺，吊线锤，塞尺，钢直尺，钢卷尺，导轨检验尺及手电筒等。

3. 准备检修资料

检修电梯如果没有必备的资料，将直接影响检修速度，甚至无法修理，这一点对于新型电梯来说尤其重要。一般来说应准备以下几个方面的资料。

1）电梯使用维护说明书，其内容应包含电梯润滑汇总图表及电梯功能表。
2）电梯动力电路和安全电路的电气线路示意图及符号说明。
3）电梯机房、井道布置图。
4）电梯电气敷线圈。
5）电梯各部件安装示意图或结构图。
6）电梯产品出厂合格证书，电梯安装调试说明书。
7）限速器、安全钳、缓冲器等安全部件及门锁装置型式试验报告结论副本，其中限速器与渐进式安全钳还需要有调试证书副本。
8）由电梯使用单位提出的经制造企业同意的变更设计的证明文件。
9）电梯安装自检记录。
10）电梯运行记录表、维护保养记录表、检查记录表。

对于爆炸危险场所使用的电梯，还应有爆炸危险区域等级、电梯防爆等级报告书及电梯防爆性能测试报告。

4. 准备常用配件及器材

检修中常用的配件有钢丝绳、各种保护开关、熔断器、灯泡、指示灯、继电器、交流接触器、晶闸管、曳引电动机等。检修人员可视自己的条件准备。

除了以上配件外，还要准备适量的导线、螺钉、螺母、垫圈、酒精、汽油、煤油、柴油及各种润滑油、机油等。当备有可靠的配件时，在检修中就可采用替换法，当怀疑某一元件或部件损坏时，换上一个好的做试验，可验证被怀疑件是否损坏并帮助检查是否还有第二个故障。

5. 掌握主要单元部件的正确工作状态

要尽量多地掌握所修电梯主要单元部件的正确工作状态，以及不同工作状态时，关键点上的电压变化情况，这是检修任何电梯都必须掌握的。一位经验非常丰富的检修人员，在排除电梯故障时，往往只要用相关仪表测量有关点上的电压，或经过简单的调试，就能很快判断出故障原因或部位。

6. 维修人员必须具备的条件

对电梯维修人员通常有以下几个方面的技术要求。

1）掌握交直流及交流调幅调速、交流变频调速电梯运行的基本原理，并能正确地排除运行中的故障。

2）掌握钳工和电工的基本操作技能及其安装维修的知识与技能。

3）掌握电工与电子技术的基本原理并能应用于实践中。

4）掌握电气控制线路和电力拖动的各基本环节，并能分析、排除故障。

5）掌握微机的基本知识，并能读懂其控制电路图。

7. 悬挂警示牌

检修之前，应在各层门处悬挂"检修停用"的标牌。当维修人员在轿厢顶时，应在电梯操作处挂贴"人在轿厢顶工作或正在检修"的标牌。

3.2.2 诊断与检修中的注意事项

在电梯检修过程中，应避免由于工作不细心或修理技术不佳等原因使电梯的故障扩大，要做到这一点，必须注意以下方面的问题。

1. 加强安全防护措施

维修人员必须持证上岗。戴好安全帽及其他劳动用具，系好安全带，以防坠落危险。如果在黑暗场所进行故障检查，应使用有绝缘外壳的手电筒或使用带护罩的36V以下的安全电压手提灯进行照明。

井道内严禁吸烟和使用明火。

2. 熔断器的容量不能过大

发现熔丝烧断后，在未找到原因和排除故障之前，不应换上新的熔断器，除非经检查确认没有短路现象，或是用电流表测试电流基本正常，方可换上新的熔断器试一下。在烧断熔丝后，绝不能换上铜丝或大电流熔丝；否则虽然不会烧断熔丝，但会烧坏其他部件或元件，从而使故障进一步扩大。

3. 维修人员与电梯司机要相互配合

维修人员进行故障检查时，应集中精力，与电梯司机相互配合，电梯司机应绝对服从维修人员的指令。

4. 严禁在对重装置运行范围内检查

严禁在对重装置运行的范围内进行维护检修操作，不论底坑或轿厢顶有无防护栏。如果需要在工作状态下检修，应有专人看管轿厢停止运行开关。

5. 防止在测量电压过程中扩大故障

在检修或测量电压过程中，一定要小心地使表笔对准所要测量的点，不要使表笔碰到别的部位造成相邻导线间的短路，导致烧坏元器件或零部件。在检修电子控制电路时更应加倍小心，电子控制单元中的集成电路或元件间的距离很近，稍不注意就会造成相邻元件或引脚之间短路，导致烧坏集成电路或其他元器件。在测量时表笔一定要拿稳，对准被测点，待表笔放稳后再去读万用表的读数。

测量集成电路某引脚电压最好改为测量与该引脚相连的另一焊点的电压，应尽量不触及集成电路引脚。

6. 拆焊过的元器件或连线应正确复位

在检修过程中，如需将某个元器件焊开或拆开测量，测量后复位时或换新元器件时一定要注意安装顺序，特别是有极性的元器件不能装置错误，否则会出现二次故障，且这种故障不易排查。

拆卸机械单元系统时，应记住各零部件的安装位置。如果零部件较多不容易记住，可画一张图，这样恢复安装时不致装错。

7. 不要带电拆装元器件或零部件

拆装元器件或零部件时，要先关掉或断开电源，不要带电拆装，以防发生事故。

8. 拆卸组件或单元系统时应注意的问题

检修时，若遇到某些组件或机械单元组件系统有故障需拆卸修理，应记下所拆件的位置和拆卸顺序，以保证还原后能恢复其原有的装配精度。

9. 进入轿厢顶的一般原则

当需要到轿厢顶上进行检修时，进入轿厢顶的一般原则是从顶层端进入轿厢顶。严禁维修人员站在井道外，探身到井道内和轿厢顶或轿厢地坎处，在两处各站一只脚来进行较长时间的检查工作。

10. 检修电梯运行速度要低

电梯的检修运行速度为额定速度的 1/3 以下，且其连续运行时间不能太长，一般不能超过 3min。检修时必须是经过专门培训的维修人员方可操作。

11. 对机械部件检修应停机

对电梯上转动的任何部件进行清理（或检修）、注油或加润滑脂等操作时，都必须在停机或闭锁情况下进行。

12. 注意紧固螺钉的位置

检修电梯需拆卸零部件或元器件时，应注意各紧固螺钉的拆卸位置，以免拆错。如发现拆错，要及时装好。否则，晃晃荡荡的零部件或元器件很容易损坏。

13. 查找假接、假焊件或电线时应注意的问题

当怀疑零部件或元器件、电线等的接点有假接、假焊时，只能轻轻摇拨，不能用力过猛，以免折断元器件的引脚或使部件引线折断，或使印制电路板铜箔引线折断。

14. 调换零部件或元器件要有充分理由

调换零部件或元器件时要有充分的理由，不要单凭主观判断乱拆。否则，往往由于没有正确的判断，把原来好的零部件或元器件拆坏。

15. 更换零部件或元器件时的注意事项

在修理电梯更换零部件或元器件时，一般应注意以下事项。
（1）代换零部件或元器件
代换零部件或元器件时应注意以下事项。

1）代换零部件或元器件必须是同型号、同规格的，一般不要任意提升规格，更不允许降低规格。特别是对电压、电流要求较高的零部件或元器件，应选取符合要求的零部件或元器件替换。

2）更换电阻时，要使用与原电梯同一规格的，如电源降压电阻，阻值一定要足够。

3）更换晶体管或有极性的元器件（如电解电容等）时，要仔细辨认极性，以防因错接而损坏元器件。

4）电路或线路发生短路或过载故障后，凡有过热损伤痕迹的零部件或元器件，即使能用也最好将其换新，以免留有隐患。

（2）拆卸零部件或元器件
拆下零部件时，原来安装的位置和引出线要有明显的标志，可采用挂牌、画图、文字标记等方法，以便恢复。拆开的线头要采取绝缘措施，以免造成短路而损坏有关零部件或元器件，甚至造成故障扩大化。

16. 按正确检测顺序进行检修

对于同时存在多种故障的电梯，应首先检查电梯的供电系统，再逐步检修其他电路。

待供电系统正常后,再根据故障现象,采取有针对性的修理措施。检修顺序一般为先电源系统后其他电路。

3.2.3 诊断与检修后应注意的问题

1. 检修后切忌遗漏整理

在实际检修过程中,有时为了查找故障,需将某些零部件或元器件拆掉(或焊掉),或将有关接线拆掉(或焊掉),检修后必须及时恢复,而且不得接错,以免产生新的故障。

恢复拆过的电梯线路时,应按原布线接好(固定好),对于一些有散热要求的零部件或元器件组件等应放回原处,按原结构形式装配。线缆的位置尽量不要挪动,尤其是一些具有走向要求的线缆的固定及走线位置,应该注意恢复原样,螺钉、螺栓等紧固件应锁紧。

2. 电梯恢复后还应试运行

对于检修过的电梯,还应注意重新对其进行各项检验。在静止状态检验合格后,还要进行一次运行检验,以进一步确认故障因素是否真的被排除,并确认各种安全保护功能均正常后,才可正式投入运行。

3. 学会总结经验

每检修好一部电梯后,都应反思一次,把自己的修理结果与原来的分析推测进行比较。如果原分析检测是正确的,也要总结一下分析过程,以巩固正确的思维方法。如果原分析推测是错误的,就应找出错误原因。

总结的经验最好以书面形式记载下来,这样不仅可以在记载的过程中理清思路、得到提高,而且日后碰到类似故障时可以参考和借鉴。

4. 向用户介绍正确使用与维护电梯的方法

对于由于用户使用与维护不当造成的电梯故障,维修人员在修理好后,还应向用户介绍一些正确使用与维护电梯的方法与技巧,以防同类故障再次发生。

3.3 电梯机械故障的诊断与检修

3.3.1 电梯机械故障类型

电梯主要由机械系统和电气控制部分组成,因而电梯故障主要是机械故障和电气故障。当遇到故障时，首先要分清是机械故障还是电气故障，然后判断故障属于电梯系统的哪个部分，最后找到故障出在哪个零部件或元器件上。电梯机械系统故障类型如下。

1）曳引系统常见故障。
2）轿厢与对重系统常见故障。
3）电梯门系统与导向系统常见故障。
4）电梯运行中各环节与安全装置的机械故障。

3.3.2 电梯机械故障形成原因

电梯机械系统主要零部件故障产生的基本原因如下。

1. 连接紧固件松脱

电梯在运行过程中，由于机械振动、制造安装精度不高等原因造成紧固件松动，使机械零部件产生移位、零部件之间配合失调，甚至出现脱落等情况，从而造成磨损、碰撞，使电梯零部件损坏，引起电梯故障。

2. 系统润滑不畅

保持各零部件之间的良好润滑，可以有效减小部件的机械摩擦，从而减少磨损。润滑通畅还可以起到减振、冷却、防锈等作用，进而延长了电梯的使用寿命。润滑系统故障或者润滑不当都会引起电梯运动部位发热、运动抱死、部件磨损及工作失效（如限速器靠摩擦力运动），最终电梯不能正常运行。

3. 机械疲劳

电梯的很多部件，如曳引钢丝绳等，将一直受到折弯、拉伸、剪切等各种应力的作用，会产生机械疲劳现象，这样就降低了零部件的力学特性。所以当承受应力大于其疲劳强度极限时会产生疲劳断裂，引发电梯故障。

4. 自然磨损

机械零部件的相对运动，自然会产生磨损。当磨损的量达到某一程度时，会影响其正常运转。如果不及时检查并进行修补或更换，将会产生设备故障，严重时会出现安全事故。所以要养成定期对设备进行检查、清洁、保养、调整等工作的习惯，保证设备的正常使用。

由于诸多零部件磨损后可能产生电梯故障，因此我们要坚持定期对电梯进行维护保养。一旦发生故障，维修人员应及时赶赴现场，向现场电梯使用人员及其管理人员了解电梯问题情况，采取对应的问题处理措施，通过各种手段了解判断问题的根源。

电梯故障的外部表现形式很多，如振动、异声、泄漏等多方面。其形成原因多为零部件松动、间隙失调、变形、变质、磨损等。故障的零部件通过机械零部件运动的各级传递引起轿厢的抖动、摇晃、发出尖锐的异声。

电梯的机械故障不仅会影响乘坐电梯时的舒适感,而且会给人身安全带来严重隐患。所以一旦检测到电梯故障,必须严格按照国家标准要求,认真仔细地对其进行整理、修复及更换。

3.3.3 常见电梯机械故障的诊断与检修

1. 曳引系统常见故障

(1) 蜗轮、蜗杆式曳引机齿轮常见故障

蜗轮、蜗杆式曳引机齿轮常见故障主要是齿面磨损,其诊断与维修如下。

1) 故障诊断:

① 蜗轮、蜗杆两共轭齿面中,硬度高的蜗杆齿面粗糙时,将对蜗轮齿面进行刮、研、切、削,造成齿面金属转移。

② 齿面或润滑油中混入砂粒、硬质物等,对齿面形成切、削、刮、研,造成齿面磨损。

2) 故障维修:

① 提高齿面的硬度和光洁度,改善齿面润滑状态。

② 对减速器内的零部件进行清洗润滑,按照规定选择润滑油及润滑方法,并及时更换,防止油污。

③ 当齿面磨损严重时及时更换。

(2) 曳引机轴承常见故障

1) 轴承磨损。

故障诊断:

① 轴承安装精度不高,产生偏载,造成滚动体与滚道磨粒磨损,轴承工作不正常,有振动及噪声。

② 润滑脂中有异物划伤滚道。

故障维修:

① 对轴承进行保护,防止异物进入。

② 提高安装精度,防止偏载。

2) 轴承烧伤。

故障诊断:

曳引机转动使轴承发热烧伤,具体原因如下。

① 润滑油使用不当。

② 油量不足,或油污严重。

③ 安装方法不对,使轴承歪斜。

④ 轴向窜动量过小。

故障维修：
① 选用规定的润滑油。
② 加指定油量，对严重污染的油要进行更换。
③ 严防轴承安装歪斜，防止运动干涉；密封件不能太紧、太干。
④ 安装曳引机时要严格控制轴向窜动量，不能过小。

3）曳引轮故障。
曳引轮故障主要是曳引轮绳槽磨损，其诊断与维修如下。
故障诊断：
① 曳引轮材质不均，硬度不一致，加工精度差。
② 安装不当，使得各绳受力不均。
故障维修：
① 提高曳引轮的材质及加工精度。
② 提高安装精度，使各绳受力均匀。
③ 经常清洗钢丝绳及曳引轮绳槽，减少磨损。若磨损严重，则更换绳轮。

4）异常现象诊断。
电梯运行时曳引机与制动器处有异常尖锐的响声，其故障诊断与维修如下。
故障诊断：
① 轴承处干燥缺油或轴承处有异物。
② 轴承已经破损。
故障维修：
① 取出轴承重新进行清洗，更换新的油脂。
② 重新更换轴承。
曳引轮在一个方向时能够正常工作，而反向运动时受到阻碍且有不走梯现象，其故障诊断与维修如下。

故障诊断：
当曳引轮轴承锁紧螺母松动，顺时针方向运行时，将锁紧螺母锁紧，轴承不受阻，能够正常运转；反向时，锁紧螺母退出且顶住轴承端盖内侧，曳引轮因轴承受阻而不能正常运转；换速后电动机转动力矩不足而不会走梯。

故障维修：
打开曳引轮故障侧的轴承端盖，松开锁紧螺母，将止推垫圈调整好，再将锁紧螺母拧紧。

5）盘不动车。
故障诊断：
① 可能是减速器抱轴或制动器未打开，抱轴可能是齿轮间干摩擦使得齿轮咬死，也可能是油质不好，有杂质。
② 手动开闸装置失效，抱闸间隙过小、弹簧太紧、失调等原因。

故障维修：
① 用加热法退下抱闸铜套，修整或更换铜套。
② 调整抱闸与轴的不同轴度。
③ 清洗油箱，保证清洁无杂质，按使用标准更换齿轮油。
④ 重新按标准调整抱闸间隙，修理手工开闸装置。

6）制动器发热。
故障诊断：
① 磁体工作时，若磁柱有卡阻现象，会有大电流引起发热。
② 闸瓦与制动轮的间隙偏移，造成单边摩擦生热。
③ 电磁铁工作行程太小或太大。若太小，制动器吸合时会产生很大的电流造成磁体发热；若太大，将使制动器吸合后抱闸张开间隙过小，即闸块与制动轮处于半摩擦状态而产生热量，使电动机超负载运转、热继电器跳闸。

故障维修：
① 调节制动器弹簧张紧度，保证制动器灵活可靠。
② 调节闸瓦间隙，不能产生局部摩擦。两侧间隙均匀且小于 0.7mm。
③ 调节制动器电磁铁行程为 2mm 左右，且电磁铁套筒居中，工作时不得有卡阻现象。

7）曳引钢丝绳打滑。
故障诊断：
① 曳引轮的绳轮槽已经严重磨损，使得钢丝绳到槽底的间隙大于 1mm。
② 曳引钢丝绳太长。
③ 钢丝绳上抹油过多或绳芯浸油过多。

故障维修：
① 重新车削曳引轮绳槽，若损坏严重可以更换曳引轮。
② 根据需要截短钢丝绳。
③ 对钢丝绳进行正确润滑。

8）钢丝绳磨损快且断丝周期短。
故障诊断：
① 曳引轮与导向轮的平行度差造成偏磨。
② 钢丝绳与绳槽形状不匹配，有夹绳现象。
③ 在安装钢丝绳时没有使钢丝绳充分倒劲，钢丝绳仍有扭曲，里面应力没有消除，导致运行时钢丝绳在绳槽中打滚，造成磨削。
④ 钢丝绳本身质量不符合国家标准要求。

故障维修：
① 重新检查调整曳引轮与导向轮的平行度，使其不超过 1mm。
② 换用和绳槽相匹配的钢丝绳。

③ 在安装钢丝绳前，应将钢丝绳吊挂在井道内让其充分倒劲，以消除应力。

④ 选择符合国家标准的电梯专用钢丝绳。

9）曳引钢丝绳之间的张力偏差超过 5%。

故障诊断：

曳引钢丝绳在安装完时难免有长度和承载力的偏差，随着电梯运行时间变长，钢丝绳自然会伸长，由于原本受力不一致，受力大的会伸长得快一些。随着时间的推移，张力偏差会增大并超过规定的数值。

故障维修：

将轿厢停于井道较高处，用拉力计测量对重侧各根钢丝绳的张力。将松弛超标的钢丝绳在绳头组合部位用专用工具松开倍紧螺母，将紧固螺母拧紧几丝；将太紧的钢丝绳的紧固螺母松开几丝。完成后，重新开梯上下反复运行几次，再测量各根钢丝绳的张力。反复调整几次，使得各根钢丝绳的张力趋于一致。调整完毕后，将所有松开的倍紧螺母拧紧。

10）钢丝绳断绳。

故障诊断：

① 磨损包括外磨损和内磨损，是造成断绳的主要原因。外部磨损是指曳引钢丝绳与绳轮槽之间摩擦引起的磨损，内部磨损是指绳股之间的磨损。磨损导致钢丝绳的有效面积减小，抗拉强度减小，严重时就会产生断绳，造成重大事故。

② 腐蚀降低了钢丝绳的使用寿命，减小了钢丝绳的有效面积，加速了钢丝绳的磨损。

③ 钢丝绳承载力不一致。实践证明，当钢丝绳的承载力变化 20%时，其寿命减少 20%～30%。

故障维修：

① 校正曳引轮的垂直度和曳引轮与导向轮的平行度以减小摩擦，钢丝绳与绳槽要匹配。

② 钢丝绳要进行正确润滑，减轻钢丝绳的磨损和腐蚀。

③ 调整各绳张力，使其承载力基本一致。

11）钢丝绳表面有锈斑、锈蚀。

故障诊断：

① 钢丝绳缺少润滑油或者润滑不当。

② 电梯井道干燥、维护保养不及时，或者环境中有腐蚀气体、沙尘等有害物质。

故障维修：

发现钢丝绳缺油，应进行正确润滑。润滑时可以采用如下方法。

① 淋浇法。使用检修速度让电梯慢速上升，在机房曳引机旁，用钢丝刷将绳表面的污物洗净，并用清洗油清洗干净，再用油壶将润滑油淋浇到绳上，反复浇透。

② 浸泡法。将绳取下，洗净盘好。在铁锅内，加入钢丝绳专用润滑脂，加热至80～

100℃，将钢丝绳放进油锅内浸泡透，然后捞出钢丝绳，将绳表面擦拭干净。

12）曳引钢丝绳在运行中有异常抖动。

故障诊断：

① 安装良好的电梯，其各根钢丝绳安装中心应与轿厢重心相对应，使轿厢基本处于悬浮状态，即轿厢上下两对导靴对于导轨的三面间隙基本不变。各根钢丝绳的承载力应一致，张力误差不超过平均值的 5%。

② 钢丝绳中心应与曳引轮绳槽中心一致，每根钢丝绳都应和相应的绳槽始终同心，否则导致钢丝绳运行抖动。

故障维修：

① 校正钢丝绳与轿厢重心相对应，调整钢丝绳的平均张力。

② 校正曳引钢丝绳与曳引轮，使其中心一致。

2. 轿厢与对重系统常见故障

（1）轿厢异常现象诊断

1）轿厢在运行中有异常振动声。

故障诊断：

① 减速器齿轮啮合不好，引起偏差，导致由传动引起的振动。

② 主机安装不平引起主机振动或者主机未采取减振措施。

③ 轿厢架变形造成安全钳座体与导轨碰擦产生振动，轿厢外结构紧固件松动，轿底减振块脱落。

④ 固定滑动导靴与导轨配合间隙过大或磨损，两导轨开档尺寸变化或导轨压导板松动引起轿厢运行时漂移振动。

故障维修：

① 若由电动机和蜗杆不同轴超差或蜗轮啮合不好、轴承损坏等故障造成异常振动，应调整或更换故障零部件。

② 手触检查曳引主机外壳是否有振动感，同时触摸主机底面看是否有振动，检查有无橡皮减振垫。若有振感，则可能是底座平面度的误差造成的，用垫片垫实以消除振源。

③ 检查轿厢是否因为某些加强筋脱焊松动，导致轿厢框架变形。若轿厢一侧倾斜，开轿厢到最底层站，再用木板垫在倾斜的一侧，松开紧固件，利用重力将其矫正，用水平仪复核轿厢倾斜度，紧固加强筋，并用点焊固定。

2）轿厢在运行中产生碰击声。

故障诊断：

① 平衡链或补偿绳碰撞轿壁。

② 平衡链与下梁连接处未加减振橡胶垫或隔振装置，平衡链未加减振绳或金属平衡链未加润滑剂予以润滑。

③ 轿顶与轿壁、轿壁与轿底、轿架与轿顶、轿架下梁与轿底之间防振消音装置脱落。

④ 导靴与导轨之间间隙过大或两主导轨向层门方向凸出，引起轿厢护角板碰擦地坎，导靴与导轨链接处碰擦。

故障维修：

① 检查各处的减振消音装置并调整更换橡胶垫块。

② 检查轿架下梁悬挂的平衡链的隔振装置是否起作用，若松动或断掉应予以调整与更换。

③ 检查与调整导靴与导轨的间隙，检查导轨垂直度及接头处的压导板是否松动，检查轿厢下面的护角板是否松动。

④ 检查、更换导靴衬并调整导轨、压导板、护角板等部位，使其不得与导靴相碰擦。

3）轿厢在运动中晃动。

故障诊断：

① 固定滑动导靴与导轨之间磨损严重而产生横向与纵向的间隙较大，致使轿厢在装载不平衡时发生前后或左右方向的水平晃动。

② 弹性导靴与导轨滑动摩擦时，靴衬严重磨损而产生较大的间隙造成轿厢垂直方向的晃动。滚动导靴与导轨滚动摩擦时，滚动胶轮磨损严重造成轿厢前后倾斜而产生垂直方向的晃动。

③ 减速器传动部件的周期性运动误差传递给轿厢。

④ 导轨扭曲度大，垂直度与平行度差，两导轨的平行开档尺寸差。

⑤ 各曳引钢丝绳与绳槽的磨损不同，造成各钢丝绳在其绳槽接触部位的速度不一致而传递给轿厢使其晃动。

⑥ 钢丝绳均衡受力装置未调整好，造成轿厢运行中晃动。

故障维修：

① 检查滑动导靴和滚动导靴的靴衬或胶轮是否磨损、靴衬衬垫是否磨损。若磨损严重则需更换。检查压导板是否松动，还要调整各导轨的直线度、平行度及开档尺寸。如果上述故障均排除，并有良好的间隙配合，能提高轿厢运行的状况。

② 调整曳引机的同轴度，提高减速器各运动部件的性能。调整曳引钢丝绳均衡受力装置，检查调整对重导轨的扭曲度，固定好对重防跳装置。

③ 更换钢丝绳及曳引轮轮缘。

4）轿厢发生冲顶蹲底。

故障诊断：

① 平衡系数失调。

② 制动器闸瓦与制动轮的间隙太大或制动器主弹簧压力太小。

③ 钢丝绳与曳引轮绳槽严重磨损，钢丝绳与绳槽内有油污或绳表面油脂太多。

④ 极限开关装配位置有误，或装在轿厢侧的撞铁移位，撞不到极限开关的碰轮。

故障维修：

① 在安装电梯时，应检查对重块数量及每块的质量，同时做额定载荷的运转试验。

② 做超载运行试验，将轿厢分别移至井道上端或下端，向上或向下运行，测定轿厢是否有倒拉现象。

③ 检查和调整上、下平层时的平层开关位置和极限开关位置。

④ 对于运行时间较长电梯出现此故障时，检查钢丝绳与绳槽之间是否有太多的油污及两者之间的磨损状况。如果磨损严重，则应更换绳轮和钢丝绳；如果没磨损，则应清洗钢丝绳与绳槽。

⑤ 检查制动器的工作状况，调整制动器闸瓦的间隙。

⑥ 调整并固定撞铁，使其在两端站能起作用。

5) 轿厢向下运行时突然制停。

故障诊断：

① 限速器钢丝绳松动、张紧力不足或直径发生变化，引起断绳开关动作。

② 导轨直线度偏差或与安全钳楔块间隙小，引起摩擦阻力，导致轿厢下行时误动作。

③ 限速器失效。限速器离心块弹簧老化，当其拉力不足以克服动作速度的离心力时，离心块甩出，使楔块卡住偏心轮齿槽，引起安全钳误动作；或超速保护装置传动机构的运转部位严重缺油，引起咬轴。

故障维修：

① 调整好限速器钢丝绳的张紧力，确保轿厢运行时钢丝绳不会跳动。若钢丝绳的直径太大，会影响安全使用，应更换。

② 检查和调整安全钳与导轨的间隙并进行正确良好的润滑。

③ 定期对限速器进行维护保养，清洗污垢并重新加润滑油，保证运转灵活、动作可靠。

④ 定期对限速器进行检查试验，发现有向下制停情况时，更换限速器。

6) 运行时轿厢突然发生抖动，可以行驶但非常不适。

故障诊断：

① 轿厢抖动多是由曳引系统悬挂部分、导向系统的反绳轮及驱动传动装置故障引起的。曳引钢丝绳在绳槽中有严重的擦边现象或磨损严重，钢丝绳拉长，曳引轮槽磨大，造成绳在绳槽中滑动，曳引机的旋转速度不能正常传递给轿厢，使轿厢抖动。

② 曳引钢丝绳张力不一致，在电梯运行时，张紧力较小的钢丝绳产生摆动，使绳头端所接装置的受力不均匀发生跳动，从而引起轿厢抖动。

③ 导向轮、轿顶反绳轮轴承磨损或绳头端接处固定螺栓松动，使其相对位置发生变化，这样会增大传动阻力，造成轿厢产生卡阻而抖动。

④ 传动系统联轴器的同轴度不符合要求、链接螺栓松动或螺孔变形、扩大，也可能引起轿厢抖动。

⑤ 制动器间隙不合适，抱闸时间不对点，引起轿厢抖动。

故障维修：
① 清洁、重车或更换曳引轮。
② 检查导向轮、轿顶反绳轮，轴承损坏的应予以更换。
③ 检查、调整曳引钢丝绳，拉伸过长的应予以更换。检查紧固绳头端接处的螺栓，有松动的应拧紧，并测其张力；将倍紧螺母锁紧，并测试其张力。
④ 检修、调整联轴节，不能修补的要更换。
⑤ 检查、调整制动器间隙，使之达到规定要求。

7）轿厢在起动和停梯时有明显台阶感。

故障诊断：
① 电梯起动和松闸时间不一致，转矩大，停梯时提前抱闸制动。
② 导轨接头处错位或其工作面不平而产生台阶感。

故障维修：
① 调整起动松闸与制动抱闸时间，使其同步。
② 检查修理导轨接头处，使其达到标准要求。

8）电梯运行时，在轿厢内听到刺耳的摩擦声。

故障诊断：
① 轿厢或对重导靴靴衬磨损或内部有异物。
② 导轨润滑不够，补偿链碰击。
③ 安全钳楔块与导轨间隙过小或不均匀，常发生磨碰导轨现象。
④ 各种绳轮轴磨损或润滑不良。
⑤ 导轨弯曲、轿厢位移变形，致使导靴靴衬与导轨擦碰。
⑥ 隔磁板或磁感应器松动移位，互相碰撞。
⑦ 因轿厢变形，门刀与厅门地坎相碰，或门滚轮与轿门地坎相碰。

故障维修：
① 修理导靴磨损碰坏处或更换导靴靴衬，调整导靴弹簧的压力。
② 做好导轨的清洗润滑工作，修磨抛光导轨。
③ 调整安全钳拉杆，使楔块与导轨间隙适当。
④ 修理、调整轿厢与各相对运动部件的尺寸，保证安装间隙。
⑤ 调整门滚轮与开门刀的间隙，使其符合要求。
⑥ 对补偿链上损坏的防碰麻绳予以更换、紧固，对补偿链可能碰触的部位进行修理，如补偿链太长应适当缩短。

(2）对重系统异常现象诊断

1）电梯运行中对重轮噪声异常严重。

故障诊断：
可能对重轮轴承严重缺油造成轴承磨损。严重时，还会发生咬轴，甚至造成对重轮轴断裂。

第 3 章　电梯故障诊断与检修

故障维修：

设法固定轿厢和对重，使曳引钢丝绳放松，拆下对重轮，将损坏的轴承更换，并及时加满合格的润滑脂。若轴咬坏或断裂，应进行修理或更换新轴。

2）电梯运行中，对重架晃动大，乘坐舒适感差。

故障诊断：

① 对重架晃动可能是对重导轨与对重导靴造成的，如两列对重导轨不垂直或扭曲，在接头部位有明显台阶感。

② 对重导轨的开档尺寸上下不一致，且偏差较大。

③ 对重导靴靴衬严重磨损，造成导靴与导轨配合间隙过大，致使电梯对重在运行中晃动，且通过钢丝绳的脉动传递，使轿厢产生晃动。

故障维修：

① 检查并校正两副导轨的垂直度、直线度、平行度。

② 检查并调整好导板且予以紧固。

③ 更换并调整导靴和靴衬，确保靴衬与导轨的配合间隙。

④ 对滑动导靴的导轨应进行经常性的良好润滑。

3）在 2∶1 绕绳方式驱动的电梯运行中，对重及轿顶的反绳轮有很大的噪声。

故障诊断：

① 对重和轿顶反绳轮缺乏润滑，引起轴承磨损。

② 反绳轮轮架的紧固螺栓松动，造成轿厢或对重反绳轮的绳槽轴向端面跳动，引起反绳轮左右晃动旋转。缺油严重更会出现咬轴现象。

故障维修：

① 用检修速度检查两处反绳轮的转动情况，观察各轮架有无松动。如果松动，应予以定位紧固。

② 检查两处反绳轮转动处是否有噪声。若噪声为轴承处发出或由于绳槽左右晃动而引起轴承噪声，则应更换轴承或修复反绳轮的绳槽位置精度，消除端面跳动。若因缺油而引起噪声，则加润滑脂来消除。

③ 若更换对重反绳轮或更换轴承，应先将轿厢升至顶层，在底坑用枕木或其他支撑物支撑对重架。用手拉葫芦把轿厢吊起，卸掉曳引钢丝绳后，再拆对重顶上的反绳轮，更换轴承。进一步检查、校正反绳轮绳槽端面跳动的几何精度，最后将拆下的部件重新装好并检测合格后，再加油、定位、固定好反绳轮，并应使其灵活转动。

④ 若有咬轴现象，则应在井道中搭脚手架，设法将对重和轿厢固定并卸下曳引钢丝绳，再更换已咬坏的轴或做适当的技术处理后再装配。

4）电梯补偿链脱落。

故障诊断：

① 补偿链过长或过短。

② 补偿链扭曲。

③ 保养时润滑有问题。

故障维修：

① 准确计算补偿链长度。

② 对补偿链进行维护，避免补偿链扭曲。

③ 及时保养、润滑补偿链。

5）补偿链拖地并有异常声音。

故障诊断：

① 曳引钢丝绳使用中正常拉伸，造成补偿链拖地。

② 补偿链拖地后与底坑摩擦产生异常声音，有时还会破坏补偿链支架或损坏其他设备。

故障维修：

① 及时进行维护保养，发现异常时立刻排除。

② 截掉拉长的曳引钢丝绳。

3. 电梯门系统与导向系统常见故障

（1）电梯门系统机械故障

1）电梯开门速度太慢。

故障诊断：

一般开门速度慢是电气调速或线路问题，机械方面的原因多是开关门机皮带打滑，有时能拖动门扇运动，有时拖不动。

故障维修：

除检查调整电阻、开关外，重要的是调整开关门皮带张力，使其松紧适度，故障即可排除。

2）电梯平层开门时，轿门打开但层门打不开。

故障诊断：

① 此故障为"系合"部位的问题，可能轿厢变形使门刀挂不住门滚轮。

② 安装维修时，门刀与厅门滚轮啮合深度不够，负载稍不平衡，门刀就挂不住门滚轮。

③ 导轨支架松动，造成导轨垂直度超差、平行度变大等，从而致使厅门、轿门不同步。

④ 某一层门的滚轮脱落，造成轿门门刀挂不住厅门。

故障维修：

① 校正轿厢。

② 重新调整门刀与门滚轮，使门刀与滚轮啮合深度达到规定要求（至少大于门滚轮的 1/2）。

③ 固定导轨支架，调整导轨的垂直度与平行度。

④ 检修门钩子锁，使其灵活好用。

3）层门、轿门开与关时速度不畅。

故障诊断：

层门与轿门打开和关闭时有明显障碍，可能是由以下几个方面原因造成的。

① 门导轨与门地坎滑道不在同一个垂直位置。

② 门导轨或挂门轮轴承磨损，或门导轨污垢过多或润滑不良，致使滑轮磨损。

③ 门导轨连接松动使导轨下坠，致使层门或轿门下移，门下边缘碰触门地坎。

④ 门地坎滑槽有缺陷，门滑块磨损、折断或滑出地坎滑槽。

⑤ 门皮带太松、失去张紧力，或链轮与链条磨损或拉长，引起的跳动使门运行不畅或不能运行。

⑥ 开门机构从动轮支撑杆弯曲，造成主动轮与从动轮传动中心偏移，引起链条脱落，使开关门受阻。

⑦ 开关门机构主动杆或从动杆支点磨损，造成两扇门滑行动作不一致。

⑧ 门机制动机构未调整好或开、关门电动机有故障。

故障维修：

① 更换磨损严重的滑块、滑轮及滑轮轴承。调整门下边距地坎高度为4～6mm。

② 清洗、擦拭门导轨上的污垢，并调整门上导轨与下地坎槽的垂直度、平行度及扭曲度，使其上下一致。修正门导轨异常的凸起，以确保滑行通畅。

③ 调整开关门主动轮支撑杆臂和从动轮支撑杆臂，使两支撑杆长度一致，即关门后的中心与曲柄轮中心相交。

④ 调整或更换三角带，调整两轮轴的平行度与张力。

⑤ 更换同步带，调整其张力。

⑥ 更换拉长的链条并调整两轴的平行度和中心平面。

⑦ 修理或更换电动机，调整涡流制动器磁罐的间隙。

⑧ 清洗干净所有活动部位并加润滑油。

4）开门、关门过程中门扇与相对运动部位有撞击、碰擦声。

故障诊断：

此故障可能为门摆杆受外力影响扭曲变形，层门、轿门在开关过程中与门摆杆碰擦，同时门滑块有严重磨损，造成层门门扇晃动且与层门处井道臂碰擦或门扇之间碰擦等。

故障维修：

① 更换门滑块，调整门扇与井道壁的间距。

② 校正门摆杆位置，调整后固定牢固。

5）电梯在关门时，未全部关闭就停止关闭。

故障诊断：

可能是门外开门三角锁故障造成的。门锁锁头固定螺母松动，使锁头凸出，在电梯关门时锁头钩住层门，造成关门过程中尚未关到位就停止关门。

故障维修：

① 检查门机调整机构各动、静触点的位置是否正确，并将故障排除。

② 修理或更换厅门外开门三角锁，调整并固定牢固。

6）关闭层、轿门时有撞击声。

故障诊断：

① 摆杆式开关门机构的摆杆扭曲，擦碰门框边缘。

② 从动臂的定位过长，会造成两门扇在关闭时相撞。

③ 两扇门的安全触板在闭合时相撞。

故障维修：

① 调整摆杆，消除其扭曲现象，调整从动臂的定位长度，确保各层门、轿门门缝中心一致。

② 调整两门安全触板的伸缩间隙，使其在门关严实时不会发生碰撞，门开完全时分别与门边缘平齐。

7）关门后电梯无法起动。

故障诊断：

此故障产生的原因大多是门锁钩没有钩牢。锁钩钩合不牢的原因多为锁臂固定螺栓严重磨损引起锁臂脱落或锁臂偏离定位点。

故障维修：

更换并调整门锁，使其锁臂能灵活地将锁钩钩到锁块上，并达到 7mm 以上的位置。

8）开关门时门扇振动和跳动。

故障诊断：

① 开关门时，门扇跳动大多由门导轨等开关门传动机构造成。

② 吊门挂轮磨损严重，如吊挂轮磨成椭圆形，在导轨上运行不畅。

③ 门变形，门下端扫地。

④ 开关门传动机构螺栓松动，或连杆严重变形或扭曲。

⑤ 开门刀与厅门开门滚轮间隙过大，中心线不重合。

⑥ 门地坎内有异物。

故障维修：

① 校正、修理门导轨，消除弯曲、凹凸不平、严重磨损故障或更换门导轨。

② 更换轿、厅门的吊挂轮。

③ 校正变形的厅、轿门，消除扫地故障。

④ 拧紧传动机构螺栓，修正或更换变形或扭曲的连杆。

⑤ 调整门刀与厅门开门滚轮，使其配合公差符合国家标准要求。

⑥ 清除地坎内异物，保持厅门附近的卫生。

9）电梯开关门中有"吱、喳"声。

故障诊断：
① 自动关门装置调整不当，重锤刮磨重锤套管。
② 开关门钢丝绳张力过大，运行中产生噪声。
③ 门挂轮碰撞钢丝绳头，产生杂音。
故障维修：
① 校正重锤套筒，在重锤套筒外包弹性塑套，以消除摩擦噪声。
② 调整开关门钢丝绳张力，使其大小合适、动作灵活可靠。
③ 将钢丝绳头固定，消除"毛刺"，使杂音消失。
（2）导向系统机械故障
1）电梯在上下运行时有"嘶嘶"声。
故障诊断：
在导向系统中有此故障，容易发生摩擦声的部位主要是导靴对导轨和安全钳对导轨的摩擦。最常见的是导靴对导轨的摩擦。引起此摩擦的原因如下。
① 导靴内有杂物。
② 导轨工作面严重缺油或太脏，有沙尘或锈蚀。
③ 导轨变形或间距变化。
④ 靴衬严重磨损，靴头在导靴应力弹簧作用下和导轨顶面的间隙变小，使靴头的金属部分和导轨面直接接触而发出尖锐的摩擦声。
⑤ 安全钳拉杆松动，造成安全钳楔块与导轨面间隙变小，运行时同样有"嘶嘶"声。
故障维修：
① 检查清洗导靴，清除其中的杂物。
② 清洗导轨，清理好油盒，使导轨有良好的润滑。
③ 校正导轨间隙。
④ 更换磨损的导靴靴衬。
⑤ 修校安全钳拉杆、楔块与导轨的间隙。
2）固定滑动导靴靴衬严重磨损。
故障诊断：
① 维护保养不到位。
② 靴衬材质不好。
③ 轿厢安装尺寸不准确，曳引钢丝绳与轿厢重心不对中。
④ 导轨垂直度、档距等尺寸误差大。
故障维修：
① 至少每隔半月进行一次全面的清洁、润滑、调整、检查，把故障排除在萌芽状态。
② 更换合格材质的靴衬。
③ 精心校正曳引钢丝绳与轿厢重心的对中度，使轿厢处于悬浮状态，即 4 个导靴

与导轨工作面间隙始终一致。

④ 调校导轨，使其垂直度偏差、开档尺寸符合国家标准要求。

3）轿厢水平方向低频振动超标。

故障诊断：

此故障主要由导轨引起，具体如下。

① 导轨不垂直有扭曲现象。

② 两导轨接口处有台阶。

③ 导靴与导轨 3 个工作面的间隙过大或过小，或 4 个导靴不在同一垂直面内，在运行中产生阻力。

故障维修：

① 检查调整主轨与副轨，调整压轨处垫片，紧固各支架与导轨连接板处的螺栓，以保证导轨的垂直度。若连接板处不易调整，应增加导轨支架。

② 检查、修平两导轨接头处的台阶，使其高度小于 0.02mm，修光长度大于 300mm。

③ 检查调整轿厢和对重的 4 个导靴，它们应与对应的导轨间隙适中，并在同一垂直面内。

④ 检查并加润滑油，使导轨处于良好的润滑状态。

4）电梯起动或制动过程中振动。

故障诊断：

① 两导轨在铅垂方向，每个截面均不在同一水平面上，垂直度、平行度差。

② 导靴严重磨损。

③ 导轨支架松动。

④ 导轨工作面有油污、硬油污块。

⑤ 补偿链或随行电缆晃动或垂直跳动。

故障维修：

① 调校导轨。

② 更换靴衬。

③ 固定导轨支架。

④ 清理、洗净导轨并进行良好润滑。

⑤ 检查、截短并固定补偿链或电缆。

5）导轨端面的整个高度上布满深浅不平的槽。

故障诊断：

此故障多是导靴靴衬严重磨损，尼龙靴衬后面的金属在靴头压力弹簧作用下压在导轨端面上，当轿厢运行时，刨磨导轨端面，以及轿厢负载的随机性和导轨安装尺寸误差等，使导轨端面出现深浅不等的浅槽。

故障维修：

① 修磨有浅槽的导轨工作面，更换靴衬后应调校靴头压力弹簧的压力。

② 加强电梯管理，经常对导靴靴衬进行检查，发现问题及时处理，特别是对磨损的导靴应及时更换。

6）在2∶1驱动方式的电梯运行中，对重或轿顶反绳轮噪声严重。

故障诊断：

① 反绳轮严重缺油引起轴承磨损或轴承质量不好。

② 反绳轮架的紧固螺栓松动，使绳槽轴向端面跳动，引起左右晃动旋转。如果再加上严重缺油，会造成轴承磨损而咬轴甚至断轴。

故障维修：

① 维修人员上轿顶以检修速度检查排除以下部位故障。

a. 反绳轮转动情况，轮架是否松动。若松动，应予以定位紧固。

b. 各转动处有无噪声。若噪声由轴承发出或因端面跳动引起轴承噪声，应更换轴承或修复绳轮的绳槽位置精度；若缺油引起噪声，则应加适量润滑脂。

② 更换轴承。

a. 若更换对重反绳轮或对重反绳轮的轴承，须将电梯轿厢升至顶层，对重落底坑，再脱卸对重顶反绳轮上的钢丝绳。

b. 检查和修正对重反绳轮的绳槽端面跳动的几何精度。

c. 安装与检修所更换的零部件，上油、定位、固定，试转动应灵活。

③ 若咬轴、轿顶操作无法进行，则应在井道中搭脚手架，设法将轿厢与对重架固定，卸下钢丝绳，然后进行修复或更换轴承。

4. 电梯运行中各环节与安全装置的机械故障分析

（1）电梯运行中的故障

1）电梯起动时，曳引机有怪叫声，电动机冒烟、不能起动。

故障诊断：

曳引电动机轴与轴套铜瓦咬死，起动时发生"闷车"，大的起动电流使电动机绕组发热，绝缘物冒烟。若不及时停车，电动机将很快被烧毁。轴瓦铜套和轴咬死的主要原因是润滑油路堵塞，使轴与轴瓦之间失去润滑，发生金属与金属的干摩擦。润滑油变质、油室缺油、甩油环断裂不起作用等，也会引起咬轴。

故障维修：

① 修磨旧轴瓦铜套或更换新轴瓦铜套。

② 冲洗净油室，畅通油路，加入合格的润滑油至油标线位置。

③ 检查甩油环是否损坏，若损坏应修复或更换。

2）电梯运行中突然停车。

故障诊断：

电梯突然停车，主要由机械安全装置故障引发电气线路断路所致，具体如下。

① 轿门门刀碰触层门门锁滑轮。

② 超载称重装置失灵，如超载称重装置的秤砣滑移偏位等。
③ 安全钳楔口间隙太小，与导轨接口擦碰。
④ 限速器钢丝绳松弛。
⑤ 限速器本身故障（如抱闸、夹绳装置误动作、正常运行时限速器误动作）。
⑥ 制动器间隙太小或故障抱闸。
⑦ 曳引机过载，热继电保护器动作等。

故障维修：
在轿顶用检修速度做上下运行检查。
① 如果电梯不能上行，应检查制动器闸瓦在通电后是否打开。如果未打开，应进一步检查制动器调节装置螺栓是否松动，闸瓦间隙是否过小，或磁铁两铁芯距离是否太近，若存在上述现象，应予以调整和修复。
② 如果电梯不能下行，则检查安全钳楔口间隙及导轨的平直度。调节导轨的水平精度和垂直精度，调整和修复安全钳楔块与导轨的间隙。
③ 如果两个方向均不能运行，应检查限速器开关位置并加以调整。
④ 检修速度能向上/下运行时，开慢车检查发现不能走故障区域的门刀与门滚轮的间隙位置。
⑤ 若电梯出现超载信号，即调整超载保护装置上秤砣的位置并予以固定。
⑥ 排除以上故障后，通电试车，发现下行时仍然有突然停车现象，检查发现由限速器误动作造成。更换限速器后，故障消失，电梯正常运行。

3）轿厢满载运行时，舒适感差且运行不正常。
故障诊断：
① 曳引机减速器中的蜗杆副啮合不良，运转中曳引机产生摩擦振动，致使乘坐舒适感差。
② 蜗杆轴推力球轴承的滚子和滚道严重磨损，产生轴向间隙，引起在电梯起动过程中蜗杆轴轴向窜动，造成乘坐舒适感差。
③ 曳引钢丝绳与绳槽有污垢，导致在电梯运行时钢丝绳不停地打滑，造成轿厢速度异常变化。
④ 制动器压力弹簧小，当加速起动时，产生向上提拉的抖动感；当减速时，产生倒拉感觉，造成电梯不正常运行且舒适感差。

故障维修：
① 检查与调整制动器闸瓦的间隙，并调整制动器弹簧压力，确保电梯在静止时，装载125%～150%额定载荷情况下，能保持静止状态位置不变，直到电梯正常工作时方能松闸。
② 清洗擦净钢丝绳与轮槽内的污垢，对已磨损的钢丝绳及绳槽需修理或更换。
③ 检查齿轮箱内齿轮油的质量及油质。如果不合规定，轴承材质差或原来装配时未调整好，均会逐步增大轴向窜动量。这时，应调校轴向间隙。

④ 蜗杆分头精度偏差，造成齿面接触精度超差，应修理、更换或调整。

4）电梯起动及换速时快、慢无明显变化。

故障诊断：

① 轨距太小阻碍轿厢运行，使电梯达不到额定速度。

② 减速器缺油，或油有杂质等。

③ 曳引机抱轴。

故障维修：

① 调整检查两主导轨间距，使其符合标准。

② 检查齿轮油与减速器润滑状况，更换不合格的齿轮油。

③ 若抱轴，应检查抱轴原因，如经检查，齿轮油脏致使蜗轮蜗杆在啮合过程中掉铜屑，铜屑将油孔堵死，导致润滑不良，从而抱轴，经清洗更换齿轮后，电梯运转正常。

5）曳引电动机升温过高，机壳发烫、有异味。

故障诊断：

① 电动机运转时间超过额定负载持续率。

② 长时间开慢车持续运行。

③ 电动机绕组局部漏电。

④ 电动机滑动轴承润滑不良。

⑤ 曳引机不同轴度超标。

⑥ 电动机扫膛、运行中有卡阻。

⑦ 通风不良，电动机脏、散热不良。

⑧ 运行中突然某相断电。

故障维修：

① 严格执行管理制度，保证电动机运转时间不超过规定的暂载率。

② 不得开慢车长时间运行。

③ 查出绝缘不良处，将故障排除。

④ 检查曳引机的润滑情况，特别是油质、油量、甩油环、油道等是否良好，润滑是否良好。

⑤ 调校曳引机同轴度，使其符合国家标准要求。

⑥ 排除电动机扫膛故障。

⑦ 检查电动机的通风散热状况，将电动机表面擦拭干净。

⑧ 检查保险器夹持情况，避免运行时脱开造成断相运行。

6）新装 N 层站电梯，起动后发现速度很慢，继而过电流保护动作。

故障诊断：调试过程中没有快车且速度异常慢。若检查控制系统正常，可判断是机械系统故障一般有以下原因。

① 制动器动作异常。

② 曳引机故障。

故障维修：

① 检查制动器抱合间隙是否太小，开合闸是否灵活。在检查抱闸松紧时，若盘不动车，可将压紧弹簧调松；若还是盘不动车，则判断为传统系统故障，故将制动器拆开。

② 检查电梯曳引电动机。当打开联轴节后，发现电动机转动灵活，一切正常，再将联轴节装上。

③ 用手盘不动车，判定为齿轮减速装置故障。打开减速器盖，放掉齿轮油，检查蜗杆压力轴承，若正常，检查其他轴承。若轴瓦全部正常，卸除曳引钢丝绳后还是盘不动车，可确定为蜗轮、蜗杆啮合不良。

④ 经检查，蜗轮、蜗杆轴向、侧隙间隙都很小，近乎紧贴在一起。起动后，在蜗杆和蜗轮处的摩擦力很大，产生大量的热量，使蜗杆与蜗轮齿间发生机械卡死，曳引机不能运转，电动机闷车。过大的起动电流使控制柜保护元器件过电流保护动作，因此电梯缓慢运行后跳闸停车。

⑤ 调整蜗杆、蜗轮的轴向和齿侧间隙在规定的 0.15mm 以后，安装好曳引机，调整好制动器，挂上钢丝绳，向齿轮箱内加入合格且适量的齿轮油后，检查一切正常，送电试运行，故障排除。

7）电梯运行未到达预选层站就停车且平层误差大。

故障诊断：

此故障多由电气安全回路断开造成，导致安全回路断路的机械原因如下。

① 层门锁两个橡皮开门滚轮位置偏移或连接板脱销，运行中门刀撞到橡皮滚轮边缘上，拨动钩子锁，造成锁上的电气触头断开，导致停车，因提前随机停车，所以平层误差大。

② 若层门锁滚轮位置偏移过大，装在轿门上的开门刀经过层门，会将装于层门上的钩子锁上的橡皮滚轮与偏心轴撞掉或撞坏。

③ 电梯运行过程中，某部位连接螺栓松动、装置移位等，会使安全回路断开，造成随时突然停梯。

故障维修：

① 检查门刀在各层门的安装位置，使其保持在各滚轮正中间。若某层门不能居中，即调整钩子锁住位置（千万不能调整门刀的位置），调好后应固定牢靠。

② 若每个层门滚轮（或大部分门滚轮）不居中，应调整开门刀位置，再调整少数层门开门滚轮位置，确保各层门门锁滚轮前、后、左、右位置一致。

③ 检查井道、底坑、轿顶各安全装置位置，保持牢固好用，不会误动作。若发现异常，应及时排除。经处理，故障排除，电梯恢复正常。

8）电梯正常平层时误差过大。

故障诊断：

制动器长期使用，却未得到经常性的维护修理或维护保养不当，使闸瓦上的制动器严重磨损，使平层制动时的制动力矩减弱，制动垫与制动轮打滑，从而导致不能正确平层，造成平层误差大的故障，尤其在轿厢满载时打滑溜车现象更严重，甚至发生冲顶、蹲底事故。

故障维修：
① 检查制动器主弹簧的压力，并使其保持位于凹座中。
② 检查制动闸瓦摩擦块磨损情况，并更换磨损严重的摩擦块。
③ 检查调整制动间隙，使其在 0.7mm 以内。
④ 检查试验在满载下降时的制动力矩，足以使轿厢迅速停止。
⑤ 在满载上行时，制动力矩不能太大，使电梯从正常运行速度平稳地过渡到平层速度。
⑥ 经常检查各轴、销的润滑状态，确保运转自如，制动可靠。

9）电梯运行时无论何种载荷，平层后均向下溜车，且溜车距离有一定规律。

故障诊断：
① 平衡系数失调，主要原因是对重太轻。
② 制动距离小，抱闸调得过松。
③ 曳引钢丝绳磨细，表面油污太多。
④ 曳引轮轮槽磨损严重且内部油污太多。
⑤ 平层装置位置欠佳、固定螺栓松动等。

故障维修：
① 重新调整平衡系数，使其始终保持在 0.4～0.5。
② 调整制动器的制动力矩，使其抱闸间隙在 0.7mm 以内，使制动力矩适当。
③ 检查曳引钢丝绳磨损及润滑情况，不得在曳引钢丝绳表面涂抹黄油，应保持清洁、无油污杂质。
④ 检查和清洗曳引轮绳槽，保证槽内清洁、无污染物和油泥等。
⑤ 在轿顶检查平层装置的安装位置，保证各层平层装置无松动、变形和位移。

10）电梯运行中突然停在某层而不平层，检查 PC 显示正常、开关门正常。

故障诊断：
① 安全联锁回路故障，但 PC 显示没有问题。
② 制动器故障，但检查发现抱闸正常。
③ 控制系统故障，检查 PC 显示没问题。
④ 曳引机故障。

故障维修：
重点检查曳引机问题，具体如下。
① 吊轿厢，支垫对重。
② 拆开制动抱闸，手动盘车，曳引机不会转动。
③ 打开联轴器盘车，电动机会转动，问题在减速器。
④ 打开减速器盖，检查蜗轮、蜗杆传动情况，检查推力轴承和蜗轮轴两端滚动轴

承是否损坏而造成转动失灵。

⑤ 检查蜗杆锁紧螺母是否卡死，拆掉蜗杆清洗干净后重新组装。

（2）电梯安全系统故障

1）限速器断绳开关误动作，使电梯不能正常运行。

故障诊断：

限速器钢丝绳在张紧轮下面的重锤作用下会自然伸长，严重时重锤下移，使安装在张紧轮装置框架上的断绳开关动作，电梯停止运行。

故障维修：

重新扎绑限速器钢丝绳，使其长度符合国家标准要求，再恢复断绳开关到正常位置。修理后，电梯正常工作，故障排除。

2）限速器绳轮严重磨损。

故障诊断：

① 钢丝绳有断股、断丝、毛刺、死弯、油污等，对绳轮造成磨损。

② 限速器欠缺维护、润滑，运转不灵活，绳轮转动摆差过大，造成磨损。

③ 限速器、安全钳、张紧轮垂直度偏差过大，在其联动过程中造成磨损等。

故障维修：

① 检查曳引钢丝绳，发现有严重断丝、断股、油污及死弯应及时排除。

② 检查限速器的运行情况，如有异常应及时调整、排除。

③ 检查超速保护系统安装的质量，使其符合国家标准要求。

3）限速器钢丝绳与限速器轮相对滑移。

故障诊断：

由于安装、维修等原因造成绳与绳轮槽的不规则磨损，一侧磨损严重，一侧磨损较轻，使轮槽与钢丝绳不能同步转动，造成两者之间摩擦力变小，从而产生微量滑动，随着起动、制动次数增加，惯性力还会进一步使其摩擦力降低，从而增大了它们之间的进一步磨损，使滑动位移逐渐变大，摩擦因数变得更小，相对滑动变大。

故障维修：

加强维护保养，使限速器钢丝绳与绳轮转动灵活、不打滑，无严重磨损。如果限速器上装有监控轿厢速度的编码器，便要保证同步，不允许有相对滑移。若达不到要求，应将其更新为钢带传动，以消除相对位移。

4）安全钳误动作。

故障诊断：

安全钳误动作由两方面原因造成，一是限速器误动作引起安全钳误动作，二是安全钳自身问题造成误动作。造成安全钳自身卡阻梗塞误动作的原因如下。

① 导轨上有毛刺、台阶。

② 安全钳与导轨间隙中有油垢，间隙过小，造成安全钳楔块有误动作。

③ 安全钳拉杆扭曲变形，复位弹簧刚度小不能自行复位，导致安全钳误动作。

④ 轿厢位置变形，引起安全钳误动作等。

故障维修：

① 检查排除限速器误动作原因并将其排除。

② 校正导轨垂直度，打磨光接头台阶与导轨工作面上的毛刺。

③ 清洗、调校安全钳楔块间隙，使其与导轨两工作面间距一致。

④ 检查并截短限速器钢丝绳，调校张紧轮装置的张力。

5）安全钳与导轨间隙变小，产生摩擦声。

故障诊断：

安全钳与导轨间隙变小后，在电梯运行时，安全钳楔块和导轨工作面产生摩擦，发出噪声，同时还会使电梯晃动，甚至导致安全钳误动作，使电梯无法正常工作。两者间隙变小的原因之一是安装尺寸不当，维修不及时；原因之二是安全钳本身的问题，如材质问题、制造检验问题和电梯速度不匹配问题等。

故障维修：

① 当发现电梯运行异常并有摩擦声时，在轿顶检查导轨，可能会发现导轨工作面上有拉伤痕迹，这说明安全钳间隙太小。在底坑用塞尺测量安全钳两侧间隙，发现间隙不均匀且小于 2mm，这时在轿顶调节安全钳拉杆上的调节螺母，将间隙调合适后固定螺母。

② 如果安全钳间隙一边大、一边小，应检查轿厢的斜拉杆与轿厢连接的螺栓是否松动或松脱造成轿厢变形。若轿厢变形，应调正，再将斜拉杆紧固，重新调整安全钳楔块与导轨两侧工作面的间隙。

6）限速器与安全钳误动作。

故障诊断：

① 限速器转动部分或限速器绳润滑不良，造成限速器误动作。

② 对限速器维修保养不及时，壳内积尘油秽过多导致误动作。

③ 固定限速器的螺钉松动导致限速器误动作。

④ 限速器钢丝绳与限速器制动块摩擦严重导致限速器误动作。

⑤ 限速器误动作使安全钳误动作。

⑥ 安全钳楔块与导轨两侧工作面间隙过小使安全钳误动作。

⑦ 轿厢导靴靴衬磨损过大，导轨工作面有毛刺、台阶等，均会引起安全钳误动作。

⑧ 安全钳拉杆弯曲变形、牵动机构的杠杆系统灵活，也会造成安全钳误动作。

故障维修：

① 对限速器进行良好的维护保养，清扫、擦拭干净，转动部分应及时进行润滑，固定螺栓应拧紧并加弹簧垫以防止松动。

② 按规定检查和调整限速器与安全钳的联动，保证准确无误，在检查中，若发现安全钳装置有问题应及时调整修复。

③ 检查导靴靴衬与导轨间隙，若发现间隙超标，应找出原因并及时更换靴衬。

7）轿厢在运行中突然被卡在轨道上不能移动。

故障诊断：

① 限速器调整不当，误动作导致安全钳误动作，将轿厢夹持在导轨上。

② 安全钳楔块与导轨工作面间隙不当。

③ 限速器运转部分严重缺油等。

故障维修：

轿厢复位后再进行以下调整。

① 调整限速器离心弹簧的张紧度，使之运转达规定速度动作（只能在实验台上调整，现场不能自行调整）。

② 调整安全钳楔块与导轨侧面的间隙在 2mm 左右。

③ 对限速器转动部分加油，保证其灵活转动。

④ 对卡在导轨上的轿厢的解除方法是，用承载能力大于轿厢自重的吊葫芦，挂在机房楼板的承重梁上，把轿厢上提 150mm 左右，即可使安全钳脱开，再将轿厢慢慢放下，撤去吊葫芦，将位于轿顶轿厢上梁上的开关复位，再将机房内限速器开关复位（若极限开关动作也应将其复位），电梯即可恢复正常。导轨上的卡痕应清除、修光后方可交付使用。

8）安全钳动作后，楔块啃入导轨无法解脱。

故障诊断：

① 楔块啃入导轨，说明楔块与导轨的安装质量太差，误差太大，造成楔块与导轨面不平行，将楔块端面磨成尖棱状。

② 安全钳拉杆系统弹簧刚度太小，无法复位，或拉杆不直使楔块无法复位。

故障维修：

① 强迫楔块复位后，修磨校正被严重啃伤的导轨并固定牢固。

② 全面拆除安全钳及其联动提拉机构，更换损坏零件，安装调试，使其灵活好用后，故障即可排除。

9）安全钳动作时轿厢倾斜、振动、冲击过大。

故障诊断：

① 安全钳动作时，其楔块不能同步而楔入钳体与导轨之间，会造成轿厢倾斜、振动、冲击过大。

② 提拉机构因制造、安装质量问题，影响到安全钳动作时两边楔块的同步性，造成轿厢振动、冲击以致倾斜。

故障维修：

① 检查楔块与导轨侧面的工作间隙，调整楔块，使间隙一致。

② 检查校验安全钳提拉机构，使其顺畅无阻。

10）轿厢称重装置失灵。

故障诊断：

轿厢称重装置是防止轿厢超载运行的安全装置，若失效将会发生严重后果。导致其失灵的原因大多是装配定位偏移或其主秤砣松动偏移，致使秤杆碰触微动开关，还可能是轿底因底框四边垫块或调整螺栓松动，造成微动开关误动作，使称重装置不起作用。

故障维修：

① 校正秤砣及微动开关位置。

② 调整轿底四边垫块和调整螺栓，并且予以锁定。

③ 做载重试验使超载保护功能恢复。

11）轿厢常发生冲顶、蹲底。

故障诊断：

① 平衡系数不当，轿厢与对重平衡失调。

② 曳引钢丝绳及曳引轮绳槽严重磨损，且绳表面及槽内油污太多。

③ 曳引钢丝绳润滑不当，绳表面抹油太多。

④ 制动抱闸间隙太大而制动力矩小。

⑤ 上、下端站平层感应系统位置偏差或失灵。

⑥ 上、下端站强迫换速和极限位置开关不起作用，撞铁撞不住开关柄的碰轮。

故障维修：

① 对新安装的电梯，应该核查供货清单的对重块数量及每块对重压铁的质量，重新校对平衡系数。

② 检查曳引钢丝绳及曳引轮绳槽的磨损情况，更换磨损太多或太细的钢丝绳。彻底清洗绳表面及绳槽内的油污，对于那些磨损严重的绳槽，应重车或更换轮缘。

③ 检查调整制动器，使其符合国家标准要求，保证制动力矩合适、抱闸间隙不超过 0.7mm、开合闸灵活可靠。

④ 对曳引钢丝绳要进行正确的维护保养和润滑，表面不得抹黄油。

⑤ 检查两端站平层隔磁板是否不起作用，将其恢复到正确位置。

⑥ 检查调整两端站设置的强迫换速开关、极限开关及装在轿厢一旁的撞弓，将其恢复并确保好用。

12）超速保护失控造成蹲底。

故障诊断：

安全钳装置是电梯安全运行的可靠保证，是超速保护装置的执行元件，然而检查发现电梯发生坠落事故往往是安全钳动作，没起到保护作用。安全检验时，常常是手动限速器动作，带动安全钳动作，曳引轮空转，说明超速保护起了作用，但疏忽了限速器在电梯速度超过额定速度 15%时限速器能否可靠动作。限速器动作时，张紧轮下的砣块提供给限速器绳的张紧力达 300N，足以使安全钳装置起作用。随着电梯使用期限增长，钢丝绳内应力逐渐释放，钢绳材质、绳径等的变化有可能造成张力不够而打滑，提拉不起安全钳楔块，使失控的轿厢不能制停。

故障维修：

① 对限速器的动作速度按期检查，使其确实好用。

② 限速器张紧力可用拉力计检测其钢丝绳的张力，当拉力大于 300N 时，检验安全钳楔块能否动作。

③ 对限速器转动部位、销轴、张紧轮轴等及时加润滑脂。

④ 及时检查、调整、清洁、润滑安全钳联动机构。

⑤ 对整个超速保护系统，每年都彻底拆修一次，以确保其可靠运行。

13）电梯在顶层尚未平层，对重已蹲到缓冲器上。

故障诊断：

随电梯使用年限的增加，曳引钢丝绳会自然伸长，伸长率约为 5%。对于高层电梯，其影响严重，如一台 15 层梯钢丝绳约 50mm，2∶1 悬挂，绳长为 100m，伸长量约为 500mm。缓冲器距对重底只有 150～400mm。随着曳引钢丝绳的自然伸长，平层精度发生变化。在调整平层时，钢丝绳伸长量很自然地全部转移到对重的一侧，造成对重侧缓冲距离逐渐变小，最后就造成电梯尚未达到顶层平层，对重已经蹲在缓冲器上。

故障维修：

① 安装时，对重缓冲距离应尽量靠近规定范围的上限。

② 曳引钢丝绳绳头板的调节螺母要预留 100mm 左右的调节余量，以便以后调节。

③ 在对重底座加 3 块调节块（每块 120mm 左右），当缓冲距离变小时，可以逐次去掉调节块，以便调节。

④ 若对重底座无调节块，绳头板调节螺母也调节不过来，则只能截短钢丝绳。

3.4　电梯电气故障的诊断与检修

3.4.1　电梯电气故障类型

电梯电气故障多种多样，有电源部分、拖动系统、控制与信号系统、门与安全系统等方面的故障。电梯的电气故障可分为以下类型。

1. 电梯运行过程中常见的故障

1）内选指令（轿内）和召唤信号登记不上。

2）不自动关门。

3）关门后不起动。

4）起动后急停。

5）起动后达不到额定的满速或分速运行。

6）运行中急停。

7）不减速，在过层或消除信号后急停。

8）减速制动时急停。

9）不平层。
10）平层不开门。
11）停层不消除已登记信号。

2. 不同品牌系列电梯的一些比较特殊的故障

1）在起动、制动过程中振荡。
2）开关门速度异常缓慢。
3）冲顶或蹲底。
4）无提前开门或提前开门时急停。
5）层楼数据无法写入。
6）超速运行检出。
7）再生制动出错。
8）负载称重系统失灵。

3.4.2　电梯电气故障形成原因

电梯故障中的 60%是电气控制系统的故障。造成电气控制系统故障的原因是多方面的，主要包括元器件质量、安装调整质量、维修保养质量、外界环境条件变化和干扰等。

20 世纪 80 年代中期以前生产的电梯产品中，电梯电气控制系统一般都是由触点控制的，量大面广的中间过程控制继电器、接触器和各种开关元器件所选用的配套电气元器件基本上是一般的机床电气元器件。由于机床和电梯在工作条件和工作特点方面差异很大，为机床设计配套的各种电气元器件，其使用寿命、噪声水平等主要技术指标远不能适应电梯的要求，加之大多数厂家在相当长的一个时期内，不能选择质量好的电气元器件生产厂家作为定点配套厂，对进厂元器件的筛选又不够严格，所以，由电气配套元件方面的问题引起的故障是比较多的。

20 世纪 80 年代后期及以后生产的电梯产品中，由于国家明令禁止全继电器控制电梯的生产，采用工业控制微机 PLC 和微机取代电梯运行过程中的管理、控制继电器，使电梯运行过程中触点控制的比例大大降低，大大提高了电梯的运行可靠性。与此同时，拖动控制技术的进步，使电梯的乘坐舒适感得以彻底改善。

但是，由于电梯运行过程的管理、控制环节比较多及电路功率转换等方面的原因，现在和今后生产的电梯电气控制系统，采用继电器、接触器、开关、按钮等触点元件构成的电路环节仍然存在，它的存在仍是引起电梯故障频发的原因。因此，提高电梯电气维修人员的技术素质和检查、分析、排除有触点电路故障的能力，仍然是减少电梯停机修理时间的重要手段。下面对电梯电气系统的常见故障及其分析、判断、排除方法做简要介绍。

1. 主拖动系统故障形成原因

任何电梯的主回路基本构成大致相同，即从三相供电电源经断路器、上（下）行接触器、调速器、运行接触器、热继电器、电动机三相绕组端子到三相绕组,构成电梯电力拖动主回路。

主回路故障是电梯的常见故障和重要故障。因为主回路是非连续性的经常动作,若长时间运行,则接触器触点氧化,触点压力弹簧疲劳,触点接触不良、脱落,逆变器模块及晶闸管过热击穿,电动机绕组熔断或短路等故障就会出现。

此外,任何电气元器件的动作部件都有一定寿命,如接触器、继电器、微动开关、主令开关、行程开关等元器件及随行电缆、开关门机等部件,经常做弯曲、旋转等动作,存在着断线、失灵等故障的可能。

2. 电气各系统故障形成原因

(1) 自动开关门机构及门联锁电路故障形成原因

关门运行是电梯安全运行的首要条件。门联锁系统一旦出现故障,电梯就不能运行,这属于正常现象。但是,电梯不能正常运行属于故障,它是由包括自动门锁在内的各种电气元器件的触点或连接线路的接头接触不良或调整不当造成的。

(2) 电气线路或元器件短路、断路

在由继电器、接触器构成的控制电路和信号电路中,故障多发生在继电器、接触器的触点上。如果触点被电弧烧蚀、粘连,就会造成断路或短路。如果维修保养不及时,触点被尘埃污物阻断或弹簧失效、簧片折断,也会造成断路。断路、短路会使控制电路失效,使电梯处于故障状态。

(3) 电气元器件及电气线路绝缘失效

电气元器件和电气线路经过长期运行会因老化、失效、受潮等原因造成绝缘失效,或由其他原因(如外力)引起绝缘击穿,造成电气系统的短路或断路。

(4) 电磁干扰

微控技术在电梯中广泛应用,如调速系统、控制系统、信号的传输、开门机的控制,均以计算机控制替代了继电器、接触器、阻抗元件和传输器件。微机的广泛应用对电气控制系统的可靠性要求越来越高。抗干扰被列入电气故障的范畴。

电梯运行中的各种干扰主要是外部干扰,如温度、湿度、振动、冲击、灰尘、电源电压、电流、频率的波动、电网的接法、逆变器自身产生的干扰、操作人员失误及负载的随机变化等。在这些干扰的作用下,电梯的控制会产生错误指示从而发生故障。电磁干扰主要有以下3种形式。

1) 电源噪声:当干扰由电网电源及电源引入线、接地形式错误的地线而侵入时,特别是当电梯与其他经常变动的大负载共用电网时,会产生电源噪声干扰。当电源引线较长时,传输过程中产生的电压降、感应电动势也会导致产生噪声干扰,影响系统正常工作,如微机丢失信号、产生错误或误动作等。

2) 从输入线路侵入的噪声干扰:当输入电源线与其他系统采用公共地线(保护线和工作零线共用一根线的三相四线制供电)时,就会有噪声侵入。有时即使有隔离措施,仍然会受到与输入线相耦合的电磁感应的影响，尽管输入信号很微小，仍极易使系统产生误差和误动作。

3）静电噪声：由摩擦产生的静电，电压可高达数万伏。因此，当带有高电位的维修人员接触微控板时，急剧的放电电流造成噪声，干扰系统正常工作，甚至会造成电子元器件的损坏。针对以上情况，微控电梯的电源一定要采用三相五线制，保护线（PE）与工作中性线（N）分开，不允许短接，以防止系统产生的杂散电流干扰微控计算机的正常工作。

(5) 电气电子元器件损坏或位置调整不当

对于电气系统，特别是控制系统，线路板或系统内某个元器件失效、损坏或调整不当（如谐振、接触不良等）也经常会引起电梯故障。

3.4.3　常见电梯电气故障的诊断与检修

当电气各系统发生故障时，维修人员首先要问、看、听、闻，做到心中有数。"问"就是询问操作司机或现场负责人故障发生时的现象，查询故障前当事人是否对电梯做过任何调整或更换工作；"看"就是注意观察每个元器件是否正常工作，看控制板的各种信号指示是否正确，看电气元器件外表颜色是否改变等；"听"就是听电器及线路工作时有无怪声；"闻"就是闻电气线路及元器件有无异味。

判断电气控制系统故障的依据是电梯控制原理。因此要迅速排除故障必须掌握地区控制系统的电路原理图，弄清楚电梯从定向、起动、加速、慢速运行、到站预报、换速、平层、开关门等全过程各环节的工作原理，各电气组件之间的相互控制关系，各电气组件、继电器/接触器及其触点的作用等。在判断电梯电气控制故障之前，必须彻底了解故障现象，才能根据电路图和故障现象，迅速准确地分析判断故障的原因并找到故障点。

微控电梯故障隐蔽在软件系统、硬件系统中，故障原因与结果和条件是严格对应的。查找这类故障时，应有序地对它们之间的关系进行联想和判断，逐一排除疑点直到问题完全解决。

1. 电梯电气故障诊断与维修常用工具

(1) 万用表

万用表是电梯安装中最常用的电工仪表，虽然其精度不高，但它量限多，因此使用广泛。一般的万用表可以用来测量电压、电流、电阻，有的万用表还可以测量电功率、电感等。

万用表分为指针式万用表和数字式万用表两大类。其中，数字式万用表的测量数值直接用数字显示。与指针式万用表相比，数字式万用表有以下优点：显示直观、测量精度高、功能全、输入阻抗高、过载能力强、耗电省、体积小。

(2) 钳形电流表

为不切断电路而直接测量线路流过的电流，可以采用钳形电流表。在测量电梯的平衡系数时，一般采用电流-负载曲线图法，这时的电流测量，就使用钳形电流表。

钳形电流表简称钳形表，由电流互感器和电流表组成，外形像钳子一样。

（3）兆欧表

兆欧表是测量高值电阻和绝缘电阻的仪表，又称绝缘摇表，主要由手摇直流发电机和磁电式流比计组成。晶体管兆欧表是由高压直流电源和磁电式流比计组成的。兆欧表的接线柱有3个：一个为L（线路），一个为E（接地），还有一个为G（屏蔽）。

（4）接地电阻测量仪

接地电阻测量仪主要用于直接测量各种接地装置的接地电阻和土壤电阻率。它由手摇发电机、电流互感器、滑线电阻及高灵敏度检流计组成，并附有两只接地探针和连接测试导线。国产常用型号有ZC-88、ZC-9等几种。

（5）数字型转速表

转速表主要用于测量电梯的运行速度。数字转速表有多种型号，如HT-331、HT-441、ZS-8401等。

（6）数字式温度计

电梯机件和油温可用半导体点温计进行测量。

（7）示波器

在修理直流电梯或计算机控制电梯时，需用示波器观察信号动态变化过程或对频率、幅值、相位差等电参量进行测量。常见的通用示波器有SB-10、SBT-5等型号。

2. 电梯电气故障诊断与维修方法

电气控制系统故障比较复杂，尤其是微控电梯，线路图形复杂，原理比较深奥。遇到这种情况，不要紧张，可先易后难、先外后内、综合考虑、有的放矢、顺藤摸瓜，逐一排除。

（1）电梯电气控制系统常见故障的检查判断及维修

1）迅速检查和排除故障的必要条件。由于电梯电气控制系统比较复杂，又很分散，因此要迅速排除故障全凭经验是不够的，还必须掌握电气控制系统的电路原理图，弄清楚电梯从关门、起动、加速、慢速运行、到站提前换速、平层停靠开门等全过程中各控制环节的工作原理，各电气元件之间的相互控制关系，各电气元件、继电器和接触器触点的作用；了解电路原理图中各电气元件的安装位置，存在配合的位置，并弄明白它们之间是怎样实现配合动作的，熟练掌握检查检测和排除故障的方法。

只有全面掌握电路原理图的工作原理和排除故障的方法，才能准确判断，并迅速查找出故障点，迅速排除故障。看不懂图纸，无根据地胡乱猜测、拆卸，就像海底捞针一样，是很难找到故障的，甚至老的故障没有排除之前又人为地制造出新的故障，越修问题越多，是不可能保证电梯正常运行的。

2）必须彻底弄清故障的现象。除熟识电路原理和电气元件的安装位置外，在判断和检查排除之前，必须彻底弄清故障的现象。了解故障的现象后，才有可能根据电路原理图和故障现象，迅速准确地分析判断出故障的性质和范围。

弄清故障现象的方法很多，可以通过听取司机、乘客或管理人员讲述发生故障时的情况，或通过自己眼看、耳听、鼻闻、手摸，到轿内控制电梯上下运行试验，以及其他必要的检测等各种手段和方法，把故障的现象（即故障的表现形式）彻底弄清。

准确无误地弄清了故障的全部现象，就可以根据电路原理图确定故障的性质，比较准确地分析判断故障的范围，采用行之有效的检查方法和切实可行的维修方案。

3）正确掌握排除一般故障的方法。对于性质不同的短路和断路两类故障，必须采用不同的检查方法。以下简要介绍以继电器、接触器、开关、按钮等构成的电路中，对这两类故障的检查步骤与方法。在上述思想指导下，查找电气故障可采用下列方法。

① 程序检查法。电梯是按照一定程序运行的，每次运行都要经过选层、定向、关门、起动、加速、运行、换速、平层、开门、停梯的循环过程，每个工作环节都有一个独立的控制电路。程序检查法就是确认故障发生在哪个控制环节上，尽量缩小所查的故障范围，明确排除故障的方向。这种方法不仅适用于有触点控制系统，也适用于无触点控制系统。

② 电阻测量法。在断电情况下，用万用表电阻挡测量电子电路的阻值是否正常，或通过电气线路的通断状况来判断有无故障，因为每个电子元器件的正反相阻值不同，任何一个电气元器件也都有一定阻值。连接电气元件的线路或开关，电阻值不是零就是无穷大，因此测量它们的阻值大小和通断情况就可以判断电子或电气元器件的好坏。

③ 电位测量法。在通电情况下，测量各电子或电气元器件的两端电位来确定故障部位。在正常工作情况下，闭环电路上各点的电位是一定的，电流从高电位流向低电位。通过用万用表测量控制电路上有关点的电位是否符合规定值，就可以判断出故障部位，再查找电位变化的原因，进而将故障排除。

④ 短路连接法。当怀疑某处某个触点或某些触点有故障时，可以用导线把某触点或某些触点短接后通电，观察故障现象是否消失。若消失，则证明判断正确，将故障元器件（如触点）更换，拆除短接线。

采用短路连接法只能查找"与"逻辑关系触点的断点。禁止用此法查找不同极性、不同相序的故障，否则将会导致短路。

⑤ 断路法。有时，控制线路还可能出现一些特殊故障，如电梯没有指令信号时自动停层，这说明线路中某些触点被短接。查找此类故障的最好方法就是断路法，即将怀疑有故障的触点断开，如果故障消失，就说明判断正确。用这种方法可以判断"或"逻辑关系的故障点。

⑥ 替代法。当根据以上方法查找出故障出自于某触点或某块电路板时，将有问题的元器件或线路板取下，用新的元器件或线路板替代，若故障消失，则判断正确，反之则需继续查找。故障确认后，立即换上一新元器件或电路板即可。

⑦ 经验排除故障法。维修者应在实践中不断吸取经验、总结教训。这可以帮助我们准确及时地排除故障，因为任何故障都是有规律的，掌握了这些规律，就可做到"手"

到病除，收到立竿见影的效果。

⑧ 测试接触不良法。

a．观察电源柜上的电压表，观察电梯运行过程中的电压，若某项电压偏低且波动较大，该项就可能有虚接部位。

b．用点温计测试每个连接处的温度。若某点温度过高，即可拆开某点，打磨接触面或拧紧螺钉。

c．用低压大电流测试虚接部位：先将总电源断开，再将控制柜内电源断开，装一套大电流发生器。用10mm的一段导线（铜芯）作为测试线，将测试导线搭接在检查面两端，将调压器缓慢升压，当短接电流达50A时记录输入电压值，然后对每个可疑处都测试一次，记录每个节点的电压值，哪一处电压高，即说明该处接触不良。

d．当怀疑随行软电缆内某根芯线时通时断时，应按线路图接线。当短路电流升至8A时，调压器定位不动，连续断合15次，每次接通时间为2～3min。如果发现电流表不起动，说明故障位置线已被测试电流烧断。若电流值不变，则说明此线没有折断。

此外，电梯电气控制系统的程序检查与故障分析判断排除也是电梯安全生产运行的关键。

（2）电梯电气控制系统的程序诊断与故障维修

1）电梯制造厂对电梯电气系统构成部件的质量进行检查和检验。电梯制造厂发货前，必须对每台电梯电气系统的构成电气部件进行质量检查。构成一台电梯电气系统的电气部件有十余种，检验时如果以控制柜为中心，按电路原理图连接起来，并模拟电梯的运行模式进行试验和检查虽然好，但工作量太大，也没有必要。因为除控制柜外的其他部件功能均比较单一，用简单的方法就能检查判别其质量和功能是否符合要求。只有控制柜的质量检查比较麻烦，因为它是实现各种电梯功能的控制中心，装配的元器件比较多，而且必须按电路原理图进行配接线。因此，存在元器件质量问题、有无错漏配接线问题，对于PC或微机控制的电梯还存在编写的程序是否正确实用的问题，这些问题必须在发货前通过程序检查去发现和解决。

电梯制造厂为做好控制柜出厂前的程序检查工作，大多按自己产品的功能特点，设计制造一个控制柜检验台，检验人员通过在试验台上的操作，就能检验出控制柜在实现电梯关门、上下方向快速起动、加速和慢速运行、到达准备停靠层站提前减速、平层停靠开门及顺向截梯和检修慢速电动运行等功能是否正常。若制造厂所设计生产电梯的拖动、控制方式比较多，一台控制柜检验台很难满足全部要求；而且一些规模和产量比较少的电梯生产厂也未必有前面所述的控制柜检验台。对于没有这种检验台的企业在检验控制柜时，分别假设控制柜的外部电路是好的（如用电线短接起来），用搭线模拟接通输入关门信号、内外指令信号、到站提前换减速信号、平层停靠开门信号等方法，对控制柜进行全面的模拟程序检查，以此确认控制的质量是否符合电路原理图的设计要求，也能达到对控制柜进行质量检验的目的。

如果维修人员能够把电梯制造厂检验员检验电梯控制柜的方法移植到电梯用户使

用现场,用于检查、分析、判断、排除电梯电气系统的疑难故障,必将取得良好的效果。

2)现场分析、判断故障过程中的程序检查与故障分析判断。在现场分析、判断故障过程中,有时候会遇上一些故障现象不太明显,或故障现象虽然明显,但涉及面比较广的情况,要进一步弄清楚故障现象和缩小故障范围,或者在对电气控制系统中的部分元器件进行拆换或做比较大的整修后,要检查电气控制系统中各部位的连线是否正确、各种元器件的技术状态是否良好、电气控制系统各部分和各个环节的性能是否符合电气原理图的要求,这可以通过检查控制柜的继电器、PC、微机和接触器的动作程序是不是正确来实现。

为了安全起见,在进行程序检查之前,应把曳引电动机 YD 的电源引入线、制动器线圈 ZCQ 的电源引入线暂时拆卸掉,以免轿厢跟随检查试验做不必要而又不安全的运行,或发生溜车事故。

程序检查的基本方法是模拟司机或乘客的操作程序,根据电梯从起动直至停靠过程中的主要控制环节,给空盒子系统输入相应的电信号,使相应的 PC 或微机工作,继电器或接触器吸合。例如,检查人员用搭线或手直接推动相应继电器或接触器使之处于吸合状态,仔细观察控制柜内的有关继电器、PC 或微机和接触器的动作程序,确认是否符合电路原理图的要求。以此来检查电气控制系统是否良好,以及进一步弄清故障的现象和性质、缩小故障的范围等。

程序检查是确认控制系统的技术状态是否良好的好方法,也是弄清故障现象、分析判断故障性质、缩小故障范围、迅速寻找故障点和排除故障的好方法,便于掌握和使用。

3. 电梯电气故障多发点的诊断与排除

(1) 短路故障的检查

由于发生短路所引起的故障,在电梯电气控制系统的故障中,较由于断路造成的故障虽然少得多,但也非常常见。

对于短路造成的故障,若对电路作为短路保护的熔断器熔体选用恰当,在造成短路故障的瞬间,熔断器内的熔体必然很快烧毁,并且一换上新的熔断器又立即烧毁。因此,很难弄清电气控制系统各电气元器件的动作情况和彻底了解故障的现象,从而很难对故障进行全面分析和准确判断。

在这种情况下,可以切断电源,用万用表的电阻挡,按分区、分段的方法进行全面测量检查,逐步查找,最终也能把故障点找到。但是,有些故障点可能要用相当长的时间,花费很大的力气才能找到,这就延长了电梯的停机修理时间。

能比较迅速地查找到短路故障点的方法是,在使电气控制系统处于烧毁熔断器那一瞬间的状态下进行分区、分段送电,再查看熔断器是否烧毁。如果给甲区域送上电后熔断器不烧毁,而给乙区域送上电后熔断器立即烧毁,短路故障点肯定在乙区域内。若乙区域比较大,还可以将其分为若干段,再按上述方法分段送电检查。

实践证明,采用分区、分段送电方法检查短路性质的故障,可以很快地把发生故障的范围缩到最小限度。然后切断电源，用万用表的电阻挡进行测量检查，就能迅速准确地找到故障点，把故障排除。

采用分区、分段送电方法检查短路故障时，熔断器的熔体应用普通熔丝代替，而且熔丝的熔量应尽可能小些，必要时还应拆去曳引电动机的输入电源，以利于安全。

（2）断路故障的检查

对于电压等级为220V、110V或更低的控制电路，检查短路故障的方法，有采用万用表进行检查和采用220V的低压灯泡进行检查两种。

采用万用表检查断路故障时，可分别用表的电阻挡和电压挡进行测量检查。但用电阻挡和电压挡进行检查的方法略有不同。

当用电阻挡进行检查时，需切断电路的电源，再根据电路原理图逐段测量电路的电阻，并根据电阻值的大小分析、确定故障点。

当用电压挡进行检查时，需给电路送上电源，再根据电路原理图逐段测量电路的电压，并根据电压值的大小分析、确定故障点。

当用万用表检查故障不太方便，因为电表的体积和质量较大，而且是比较精密、贵重的仪器。检查时，若把表放得太远表针的指示或数字显示情况看不清楚；若放得近一些，不一定有合适的位置。另外，在检查过程中，还需根据被测对象的具体情况，随时扳动表的转换开关，以适应测量对象的要求，转换开关扳放错位，轻则影响测量结果，重则烧毁万用表。

采用220V的低压灯泡检查220V、110V或电压等级更低的交、直流电路的通断故障，与用万用表比较既方便又安全。检查3×380V的交流供电电路时，只要方法对（如各相分别对地）或速度快，灯泡也不至于被烧毁。若灯泡的端电压为220V时亮度为正常，当端电压为110V时则较暗，随着电压的降低，灯泡的亮度会越来越暗。用于检查这类故障的灯泡，其功率最好小，并应带有防护罩。

用低压灯泡检查电路通断的方法，与用万用表电压挡检查电路通断的方法基本相同。

表3-1为常见故障的现象、主要原因及排除方法，当遇到类似故障时可作为分析、检查的参考。因故障的原因是千变万化的，只有努力掌握电梯机电系统的结构原理和必要的基本维修技能，才能迅速准确地排除故障。

表3-1　电梯机电系统常见故障及排除方法一览表

故障现象	主要原因	排除方法
按关门按钮不能自动关门	（1）开关门电路的熔断器熔体烧断； （2）关门继电器损坏或其控制电路有故障； （3）关门第一限位开关的接点接触不良或损坏； （4）安全触板不能复位或触板开关损坏； （5）光电门保护装置有故障	（1）更换熔体； （2）更换继电器或检查其电路故障点并修复； （3）更换限位开关； （4）调整安全触板或更换触板开关； （5）修复或更换

第3章 电梯故障诊断与检修

续表

故障现象	主要原因	排除方法
在基站厅外转动开关门钥匙开关不能开启厅门	(1) 厅外开关门钥匙开关接点接触不良或损坏； (2) 基站厅外开关门控制开关接点接触不良或损坏； (3) 开门第一限位开关的接点接触不良或损坏； (4) 开门继电器损坏或其控制电路有故障	(1) 更换钥匙开关； (2) 更换开关门控制开关； (3) 更换限位开关； (4) 更换继电器或检查其电路故障点并修复
电梯到站不能自动开门	(1) 开关门电路熔断器熔体烧断； (2) 开门限位开关接点接触不良或损坏； (3) 提前开门传感器插头接触不良、脱落或损坏； (4) 开门继电器损坏或其控制电路有故障； (5) 开门机传动皮带松脱或断裂	(1) 更换熔体； (2) 更换限位开关； (3) 修复或更换插头； (4) 更换继电器或检查其电路故障点并修复； (5) 调整或更换皮带
开关门时冲击声过大	(1) 开关门限速粗调电阻调整不妥； (2) 开关门限速细调电阻调整不妥或调整环接触不良	(1) 调整电阻环位置； (2) 调整电阻环位置或调整其接触压力
开关门过程中门扇抖动或有卡阻现象	(1) 踏板滑槽内有异物堵塞； (2) 吊门滚轮的偏心挡轮松动，与上坎的间隙过大或过小； (3) 吊门滚轮与门扇连接螺栓松动或滚轮严重磨损	(1) 清除异物； (2) 调整并修复； (3) 调整或更换吊门滚轮
选层登记且电梯门关妥后电梯不能起动运行	(1) 厅、轿门电联锁开关接触不良或损坏； (2) 电源电压过低或断相； (3) 制动器抱闸未松开； (4) 直流电梯的励磁装置有故障	(1) 检查修复或更换电联锁开关； (2) 检查并修复； (3) 调整制动器； (4) 检查并修复
轿厢起动困难或运行速度明显降低	(1) 电源电压过低或断相； (2) 制动器抱闸未松开； (3) 直流电梯的励磁装置有故障； (4) 曳引电动机滚动轴承润滑不良； (5) 曳引机减速器润滑不良	(1) 检查并修复； (2) 调整制动器； (3) 检查并修复； (4) 补油或清洗、更换润滑脂； (5) 补油或更换润滑油
轿厢运行时有异常的噪声或振动	(1) 导轨润滑不良； (2) 导向轮或反绳轮与轴套润滑不良； (3) 传感器与隔磁板有碰撞现象； (4) 导靴靴衬严重磨损； (5) 滚轮式导靴轴承磨损	(1) 清洗导轨加油； (2) 补油或清洗加油； (3) 调整传感器或隔磁板位置； (4) 更换靴衬； (5) 更换轴承
轿厢平层误差过大	(1) 轿厢过载； (2) 制动器未完全松闸或调整不妥； (3) 制动器制动带严重磨损； (4) 平层传感器与隔磁板的相对位置尺寸发生变化； (5) 再生制动力矩调整不妥	(1) 严禁过载； (2) 调整制动器； (3) 更换制动带； (4) 调整平层传感器与隔磁板相对位置尺寸； (5) 调整再生制动力矩
轿厢运行未到换速点突然换速停车	(1) 门刀与厅门锁滚轮碰撞； (2) 门刀或厅门锁调整不妥	(1) 调整门刀或门锁滚轮； (2) 调整门刀或厅门锁

续表

故障现象	主要原因	排除方法
轿厢运行到预定停靠层站的换速点不能换速	(1) 该预定停靠层站的换速传感器损坏或与换速隔磁板的位置尺寸调整不妥； (2) 该预定停靠层站的换速继电器损坏或其控制电路有故障； (3) 机械选层器换速触点接触不良； (4) 快速接触器不复位	(1) 更换传感器或调整传感器与隔磁板之间的相对位置尺寸； (2) 更换继电器或检查其电路故障点并修复； (3) 调整触点接触压力； (4) 调整快速接触器
轿厢到站平层不能停靠	(1) 上、下平层传感器的干簧管接点接触不良或隔磁板与传感器的相对位置参数尺寸调整不妥； (2) 上、下平层继电器损坏或其控制电路有故障； (3) 上、下方向接触器不复位	(1) 更换干簧管或调整传感器与隔磁板的相对位置参数尺寸； (2) 更换继电器或检查其电路故障点并修复； (3) 调整上、下方向接触器
有慢车没有快车	(1) 轿门、某层站的厅门电联锁开关接点接触不良或损坏； (2) 直流电梯的励磁装置有故障； (3) 上下行控制继电器、快速接触器损坏或其控制电路有故障	(1) 更换电联锁开关； (2) 检查并修复； (3) 更换继电器、接触器或检查其电路故障点并修复
上行正常，下行无快车	(1) 下行第一、二限位开关接点接触不良或损坏； (2) 直流电梯的励磁装置有故障； (3) 下行控制继电器、接触器损坏或其控制电路有故障	(1) 更换限位开关； (2) 检查并修复； (3) 更换继电器、接触器，或检查其电路故障点并修复
下行正常，上行无快车	(1) 上行第一、二限位开关接点接触不良或损坏； (2) 直流电梯的励磁装置有故障； (3) 上行控制继电器、接触器损坏或其控制电路有故障	(1) 更换限位开关； (2) 检查并修复； (3) 更换继电器、接触器，或检查其电路故障点并修复
轿厢运行速度忽快忽慢	(1) 直流电梯的测速发电机有故障； (2) 直流电梯的励磁装置有故障	(1) 修复或更换测速发电机； (2) 检查并修复
电网供电正常，但没有快车也没有慢车	(1) 主电路或直流、交流控制电路的熔断器熔体烧断； (2) 电压继电器损坏，或其电路中的安全保护开关的接点接触不良、损坏	(1) 更换熔体； (2) 更换电压继电器或有关安全保护开关

思 考 题

1. 电梯安全运行的必要条件有哪些？
2. 电梯检修时应注意哪些问题？
3. 电梯检修前应做哪些准备？
4. 电梯的机械故障有哪些？
5. 机械故障的形成原因有哪些？
6. 曳引系统的常见故障有哪些？

7．轿厢与对重的常见故障有哪些？
8．门系统与导向系统的故障有哪些？
9．电梯运行中安全装置可能发生哪些故障？
10．电梯电气故障有哪些现象？
11．简述电梯电气故障形成的原因。
12．哪些原因会造成电梯电气系统故障？
13．常用的电气维修工具有哪些？
14．常用的电气故障诊断与维修方法有哪些？
15．不同类型的故障应如何检查？

第4章 主要品牌电梯故障检修实例

4.1 迅达系列电梯故障检修实例

4.1.1 迅达电梯概述

1. 系统配置

现以 TX-M10/GC 梯型为例，说明迅达电梯的结构，其系统配置如图 4-1 所示。

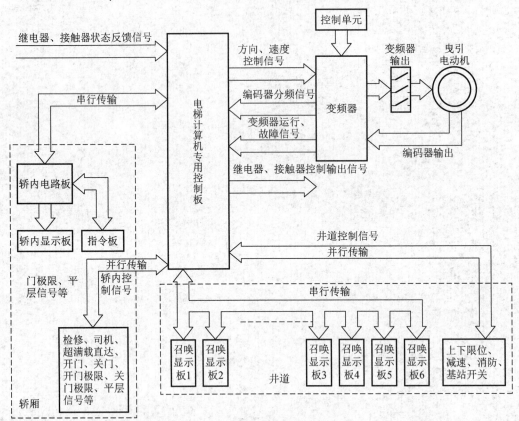

图 4-1 TX-M10/GC 梯型结构图

2. 系统 I/O 信号

1) 继电器、接触器状态反馈信号：电梯设计安全第一，所以各类重要的继电器、接触器的状态一定要反馈到 PLC 控制器中，并参与编程，如安全继电器、门锁继电器、变频器输出接触器、抱闸接触器，使计算机时时刻刻监控它们的状态，如它们出了问题，控制器就会采取相应措施。

2) 轿内控制信号：包括检修、司机、超满载、直达、开门、关门、开门极限、关门极限、平层等控制信号。

3) 井道控制信号：包括上下限位、减速、基站、消防等控制信号。

4) 方向、速度控制信号：是 PLC 给变频器的工作信号，它告诉变频器是上行还是下行，运行速度是多少，一般用多段速，三根输出线，可以控制变频器 8 种速度。

5) 编码器分频信号：是编码器经过变频器的分频，输出供 PLC 读进电梯在井道的现行位置信号。

6) 继电器、接触器控制器输出信号：是 PLC 根据现行状态和需要输出控制相应继电器和接触器线圈的信号。

7) 变频器运行、故障信号：是变频器和 PLC 的对话信号，它告诉 PLC 变频器的状态，使 PLC 采取相应措施，PLC 可根据变频器故障信号码采取急停、快速停止、正常停止措施。在这里要强调一下，方向信号、速度控制信号、变频器运行信号和抱闸接触器打开的时序，应该是当满足运行条件时，PLC 先发出方向信号给变频器，这时 PLC 速度控制信号为零，变频器"零速"运行并发出运行信号给 PLC，PLC 收到变频器运行信号后，才能控制抱闸接触器的打开抱闸，并发出速度控制信号。如果在没有收到变频器运行信号之前打开抱闸，电梯起动时会产生"上拖""下拉"现象，舒适感差。同理，在停止时要保证速度为"零速"再抱闸，然后撤销方向信号，反之停车舒适感很差，设计时正常状态和检修状态都要保证这个时序。

4.1.2 迅达电梯的运行调试

1. 准备工作（前提条件）

1) 主要零部件（轿厢、厅门、机组及控制柜等）安装完毕。
2) 轿厢与对重基本平衡（±10%）。
3) 电梯电源为三相五线制且安装到位（JH、JTHS 等），主要接线已经完成。
4) 测速编码器（IG2048）安装完毕且完成接线。
5) 安全部件（限速器、安全钳、缓冲器）等已基本安装调整好。
6) 电气线路图（随机文件）。
7) 常用工具（万用表及接线工具）。
8) 调试文件 K604008E。

2. 机房安装运行

1）所需印制电路板控制部分为 BPL1、ASILOG、SKE、MBB、GCIO，驱动部分为 PVEC、PIOVECL3。

2）检查电源接线且测量电源电压（JH、JTHS、NGL、NGSK 等，JTHS 中性线一定要接好）。

3）检查电梯地址设定（ASILOG 印制电路板上的 LiftId）是否正确，A 梯为 1，B 梯为 2，以此类推（单梯总为 1）。

4）检查 PT100 短接片（在 ASILOG 印制电路板上，测量电动机 THMH 电阻为 100～120Ω，即在 MBB X1-1-2 的 4、5 脚）。

5）检查 PVEC 短接片是否正确，J4 在 PRG，J16 在 RUN。

6）测量 KB、KB1 X1-1-2：1、2、3。

7）ESE 接入电路，JRH→检修位置。

8）JOMF 开关→IMOF 位置（安装运行）。

9）检查印制电路板 BPL1、ASILOG、SKE、MBB、GCIO、PVEC、PIOVECL3 工作是否正常，即检查印制电路板接线和印制电路板指示灯。

10）按线路图分段短接安全回路。

11）在做安装运行前先用 SMLCD 做电容脉冲，形成 Cap Pulse Form。方法为 Login（ABCD）→Commands→Test→Cap Pulse Form。

12）用机房召回 ESE（DRH-U/D）进行安装运行。

13）按上、下行按钮 DRH-U/D 检查电梯运行方向（按上行按钮，电梯下行；按下行，电梯上行，更换 PG 相位及 U、V、W 相位的两相）。

3. 轿顶安装运行

1）在安装运行完成后才可进行轿顶安装运行。

2）在轿顶安装运行前的准备工作如下：

① 插入 EBLON2。

② 连接通信电缆电梯 LonBus：机房至轿顶 LonBus BPL1→ICE（BPL1X4-1-2→ICEX5-6-6）。

③ BPL1→EBLON2：BPL1X4-1-1→EBLON2 X1-1-1。

3）设定印制电路板 ICE 的地址，MSB=B，LSB=1；如有 OKR2，则 MSB=B，LSB=2（印制电路板的地址在电气原理图上有描述）。

4）连接机房至轿顶电源 AS：X3-4-1→OKR：X1-1-1，测量 NGC 电源应为 DC24V。

5）连接轿顶召回盒（REC）ICEX5-4-13，ICEX5-5-7。

6）检查印制电路板 ICE 上的指示灯。

7）用 REC 轿顶做安装运行。

4. 安装运行失败的可能原因及解决措施

（1）制动器逻辑输入类型错误

1）KpFeedback 是根据 KB、KB1 类型定的，KB、KB1 一开一闭为 MMB MGB BRAKE2(P420)，KB、KB1，同时断开同时闭合为 MMB MGB BRAKE1（W250）。

2）用 SMLCD 检查 KB、KB1 类型，方法为 Login（ABCD）→Parameter→Drive→KpFeedback 参数→OK→通过上下箭头选择 KB、KB1 类型→确认。

3）返回 COMMANDS→通过上下箭头选择 TEST→通过上下箭头选择 DRVEnd Commis。

4）在印制电路板 GCIO 上按 Reset 键后即完成制动器逻辑输入类型设定。

（2）KB、KB1 逻辑状态错误

KB、KB1 逻辑状态错误的解决措施为更换 KB 及 KB1 接线（X1-1-2：2，3Pin）。

（3）PG 接线错误

PG 接线错误的解决措施为交换 U 与 $\bar{U}$ 或 V 与 $\bar{V}$。

（4）电动机转动方向与 PG 方向相反

电动机转动方向与 PG 方向相反的解决措施为交换 U、V、W 中的任意两相或交换 U 与 $\bar{U}$ 或 V 与 $\bar{V}$。

5. 注意事项

1）安全回路必须分段且部分跨接，保证召回控制盒（ESE 或 REC）上的急停开关及检修开关始终有效。

2）注意机组电阻及二极管（RD 组件）极性不要接反以免损坏 RD 组件。

3）安装运行没有端站限位保护。

4）P420 机组制动器开关严禁在现场调整。

5）安装运行正常后，必须检查是否与井道部分相干涉。

6）制动器动力线接线（包括 KB、KB1）一定要屏蔽接地，正确使用屏蔽接地夹且按要求屏蔽接地。

7）插接印制电路板或接线时严禁带电操作。

8）取放印制电路板时应遵守 CMOS 操作规定。

4.1.3 迅达电梯故障及排除

故障 1　关门夹人，触板失效。

问题原因及排除：

1）安全触板微动开关本身故障或传动机构故障，使微动开关不动作，触点不能正常的接通或断开。

2）触板传动机构损坏有卡阻处，不能带动微动开关动作。
3）触板继电器本身故障，如线圈线断、触点接触不良等。
4）触板电路中接线或线路有故障，触动触板时，触板继电器不动。

故障 2　关门时动作不灵活，有振动和跳动现象。

问题原因及排除：
1）地坎门滑道内有异物或积尘太多。
2）吊门滚轮磨损严重或导轨不平有凸凹处。
3）吊门滚轮下的偏心轴挡轮间隙过大。
4）电梯关门速度明显过慢，时走时停。

故障 3　开关门速度过慢。

问题原因及排除：
1）串联在电枢电路中的电阻阻值过小，使电枢电压过低。
2）开关门传动 V 带太松，在带轮上打滑，不能带动轿门运行（调整电动机底座螺栓，使 V 带张力适当）。

故障 4　电梯开关门时走时停。

问题原因及排除：
1）串联在电枢电路中的电阻接触不良，使电枢两端电压时有时无，导致电动机时转时停。
2）开门机 V 带松动，有时能拖动门扇运动，有时稍遇卡阻便停止运行。

故障 5　开关轿门时，门电动机速度较快，噪声大且不变速。

问题原因及排除：
1）开门或关门短接分压电阻的开关接触不良，使电枢两端电压高且不能改变（修复接触不良的常开触点）。
2）开门分压电阻或关门分压电阻的滑动片与电阻接触不良。
3）分压电路或分压电阻有断路处，不能将分压电阻短接。

故障 6　电梯起动和运行速度明显降低。

问题原因及排除：
1）抱闸间隙过小或制动螺杆故障（发生此种故障时用手摸制动轮会发烫，如果线圈铁心内有脏物应清理）。
2）控制曳引机电动机的接触器主触点因弹簧受热变软而压力不够，造成电动机有时单项运转，轿厢速度降低。

3）极限开关有一相动触点和静触点接触不良，使电动机单向运转，轿厢速度降低。

故障 7　不关厅门，能选层开门。

问题原因及排除：
1）门锁继电器触点粘连，继电器机构卡住，触点断不开。
2）门锁连接线被厅门挤压，造成短路，使门锁继电器在未关门状态下也能吸合。

故障 8　运行中突然停驶。

问题原因及排除：
1）供电系统突然断电。
2）串接在控制电源继电器回路中的安全钳、安全窗、断绳、急停等安全保护装置接触不良或误动作。
3）控制电源熔丝熔断或控制开关接触不良。
4）开门刀触及厅门门锁，使门锁开关断路，门锁继电器断路。
5）极限开关接触不良，总熔断器熔丝熔断。
6）电动机快速热继电器、慢速热继电器动作，常闭点断开，切断控制电源。
7）上行接触器、下行接触器和快速接触器、慢速接触器电气互锁常闭触点接触不良，使接触器释放（电动机热继电器动作时，应检查过电流整定值是否过小，拖动设备有无故障造成过载使热继电器动作。根据所测电流值调整热继电器整定值）。

故障 9　电梯每层都不能换速停车，并出现冲顶、蹲底现象。

问题原因及排除：
1）换速继电器故障或换速电路通线断开，压线松脱，使停站继电器不能吸合。
2）层楼继电器常闭触点接触不良，使速继电器和停站继电器不能吸合。
由上述原因造成的不能换速，只发生在除底层和顶层以外的楼层。因为顶层和底层可由强迫换速开关进行换速，若强迫换速开关也不起作用，将会产生冲顶或蹲底现象。其可能原因是快车接触器触点粘连或接触器本身机构卡住使触点不能分断，有时接触器磁铁上有油污，有时磁铁防锈油未擦掉，在冬季周围环境温度低，油黏度大，将磁铁粘住而不能释放，造成电梯快速运行直至电梯冲顶或蹲底。

故障 10　主电路熔丝经常烧断。

问题原因及排除：
主电路熔丝一般是指极限开关、电源总开关的熔丝，其熔断原因如下。
1）熔丝容量小，通过大电流时熔断。
2）极限开关或电源总开关动触点、静触点接触不良，电流增大。
3）熔丝（片）压接松，瓷插熔断器插口接触不良。

4）电梯起动、制动时间过长，使电路有较长时间的电流。

5）有的接触器触点接触不良，造成电路电流增大（主熔丝经常熔断，肯定电路有较大电流通过，要求日常对极限开关、总电源开关、各主电路接触器进行经常性检查，如在电梯运行过程中停梯，对电路主电路中各点发热情况进行检查，及早发现故障点。

4.2 奥的斯系列电梯故障检修实例

4.2.1 奥的斯电梯概述

1. 系统配置

现以OTIS300VF梯型为例，学习奥的斯电梯的结构，其系统配置如图4-2所示。

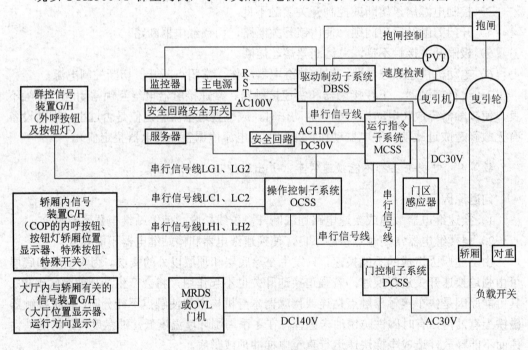

图4-2 OTIS300VF梯型结构图

2. 系统功能组成

OCSS是一个服务系统，负责有关操作的功能。其对应的控制电路板为环形通信板（Ring Car Board，RCB）。由图4-2知，OCSS负责接收及响应外呼、内呼操作，在轿厢及大厅显示电梯的实际运行方向和所在楼层位置，执行各种特殊功能如消防功能、地震功能、停电自拯救功能等。OCSS接收来自对应信号装置（远程站）的操作信号，通过串行信号线让对应的远程站和其他子系统响应操作,实现信息传递。

如果不少于两部电梯群控,则各梯的 OCSS(即 RCB)首尾相连,交换收到的操作信息,以最佳的响应操作,最多可以 8 梯群控。一般情况下,外呼信号连接至 A 梯的 RCB,若 A 梯发生故障或停电检修,则外呼信号会通过切换模块 SOM 切换至其他梯的 RCB,保证电梯的不间断正常服务。这是群控的优点之一。

MCSS 在整个控制系统中处于枢纽位置,它一方面接收来自 OCSS 的要到某楼层去的运行指令,一方面监视安全回路的状态,计算距离并把适当的速度模式(速度和加速度)指令送给 DBSS。当到达 OCSS 指定楼层,MCSS 接到安全确认后(速度已降至规定的安全值,电梯已进入门区),MCSS 向 DCSS 发出开门指令。另外,当停电时,MCSS 利用电池维持电梯在井道内位置数据的信息,当恢复供电时,电梯很快投入正常服务,无须执行再初始化操作,节省时间。

(1) MCSS 功能

1) 运行控制功能。

① 运行逻辑状态控制的管理。MCSS 会根据实际情况选择在下列模式中的一种运行逻辑状态模式:NORMAL RUN(正常运行模式)、INSTPECTION RUN(检修运行模式)、REINNITIALIZATION RUN(再初始化运行模式)、RELEVEL RUN(再平层运行模式)、RECOVERY RUN(恢复运行模式)、LEARN RUN(自学习运行模式)。

② 运行驱动状态控制的管理。利用选定的运行逻辑状态模式控制并完成轿厢的运动。

③ 计算速度和加速度指令并送给 DBSS。

④ 计算减速的距离和减速起始点。

⑤ 输出轿厢的状态至 OCSS。

2) 位置检测功能。

① 根据 PVT 产生的脉冲计算电梯的速度,运行方向和轿厢在井道里的位置。

② 利用每一层楼的隔磁板修正轿厢的位置。

③ 计算终端楼层减速的位置(NTSD)1LS、2LS 和终端楼层紧急停梯距离(ETSD)SS1、SS2。

3) 安全管理功能。

① 当安全回路非正常断开时令电梯产生急停操作。

② 根据门区有关信息管理门的安全打开和关闭。

4) 安装参数输入和维修保养时故障记录的检查。

① 用服务器监视电梯运行数据的功能。

② 用服务器建立电梯的运行参数。

③ 保养或维修时故障及其频度的记录。

④ 根据安装调试时的 LEARN RUN,自动建立关于各楼层高度数据的功能。

5) 强迫终端楼层减速功能和终端楼层紧急停梯功能。

① MCSS 自动监视 NTSD(正常终端减速装置),强迫终端减速。轿厢在终端楼层

并经过减速点时，MCSS 将根据 1LS、2LS 处的监视速度产生 NTSD 速度模式及强迫减速动作。

② MCSS 监视在 ETSD（紧急终端停梯装置）即 SS1、SS2 处的电梯速度，若它没有降至规定的低于 94% 的额定速度，则 MCSS 使安全回路动作断开，使抱闸动作，产生急停操作，保证电梯的运行安全。

（2）DCSS 功能

DCSS 是管理开门和关门的功能服务系统，是一块在轿厢顶门机箱内的控制电路板，通过串行信号线与 MCSS 相连。其功能如下。

1）控制并执行开门和关门运输。MCSS 收到自 OCSS 的开关门命令的安全确认后，由 DCSS 执行相应的开关门动作。

2）轿厢底的负载开关把轿内的载重信息送给 MCSS，MCSS 则把它转化成载重信号，产生预加转矩指令数据送给 DBSS，使曳引机产生预加转矩，增加电梯起动的舒适感。另外，当电梯满载时，除产生预加转矩外，还会自动暂时取消外呼功能，只响应内呼，也就是乘客暂时只能出，不能进，防止超载的发生。当乘客太多拥挤超载时，DCSS 会不让门关闭并由 OCSS 通知乘客电梯已处于超载状态，部分乘客必须走出轿厢。消除超载后电梯自动恢复正常营运，保证电梯服务的安全可靠。

（3）DBSS 功能

DBSS 是一个管理曳引机和抱闸（制动系统）功能的系统。一方面，它接收来自 MCSS 的速度指令，运用先进的脉冲宽度调制方法 PWM 向曳引机送出调频调压电流，使之按照系统设计的平滑的曲线速度运行。PVT 是一个速度传感器，是闭环控制的必备元器件。通过它，MCSS 可以计算出电梯的即时速度、运行方向、加速度、轿厢的位置等，并以此不断修正之后所发出的速度指令，使电梯舒适平稳地运行。另一方面，它接收来自 MCSS 的指令控制曳引机的松闸与抱闸。

DBSS 具备备用电源，若电梯在运行期间发生停电意外（如电源突然中断供应），备用电源能在几秒内恢复对 DBSS、MCSS、PVT 和轿顶 4 个门区感应器的供电，让 MCSS 能记住断电时轿厢的确切位置。DBSS 的备用电源是其逆变器内部的大容量电容提供的。备用电源仅在断电时才向 MCSS 供电。

（4）服务器功能

服务器（Service Tool）通过与每个控制子系统电路板上的服务器专用接头连接，可以对各个控制系统——OCSS、MCSS、DCSS、DBSS 进行访问，监控它们的即时状态，测试其功能，输入各自系统的安装参数，记录各系统发生故障的种类、次数和频率，大大方便维修保养人员的维修工作，提高效率和电梯运行的可靠性。因此，服务器是一个十分强大的工具。

（5）监控器功能

当监控器（Monitor Tool）接至 DBSS 的专用插座时，DBSS 的即时状态及不正常状况都能立即由监控器面板上的发光二极管（LED）显示出来，而且每一种模拟信号和数字信号都能输出至外部设备进行分析。

4.2.2 奥的斯电梯的运行调试

1. 正常运行（NORMAL RUN）前的准备

1）断开 NFBM 开关。

2）把所有的临时短接线，特别是厅门闸锁开关 DS、内门安全开关 GS 和其余安全回路的短接线拆掉。

3）把机房控制柜的检修开关拨至 INS（检修）位置。

4）启动 OCSS 和 DCSS 的步骤如下。

① 接通 NFBM 开关。

② 检查确认变压器 TRF1 供给 OCSS 和 DCSS 的电压是正确的，即 TRF1 的 A 点与 0V 点间有 AC10V 电压（供给 OCSS 板），B 点与 0V 间有 AC13V 电压。

③ 断开 NFBM 开关。

④ 接上所有与 OCSS 相连的接线与接头，确保与接线图一致无误。

⑤ 把轿厢顶的 CJ1 接头接上，给门机关电，把 CJ10 接头接上，给 DCSS 板供电。

⑥ 接通 NFBM 开关。

⑦ 如果每一个控制子系统（OCSS、MCSS、DCSS、DBSS）的功能都正常，则每块控制板上的发光二极管的显示如下。

在 MCSS 板上的 OCF、DIF、DBF 应该保持常亮状态，表示 MCSS 与 OCSS、DCSS、DBSS 的通信都正常；WD 应该不停闪烁，表示 MCSS 自身功能也正常。在 OCSS 板上的 GL4（与 RING2 通信）、GL3（与 RING1 的通信）、GL2（与 MCSS 的通信）、GL1（与各远程 RS 和 RSEB 通信）应不断闪烁，表示其串行通信正常。若不正常，则相应的二极管常亮。在 DBSS 板上，如无驱动故障，安全回路完好，无断开，在检修状态下，驱动显示应如图 4-3 所示。

$$\boxed{\text{* 040}}$$

图 4-3 驱动显示正常

5）确认给 OCSS 和 DCSS 送电后，电梯能在控制柜的检修按钮操纵下运行。

6）安全回路检查。确认安全回路的每一个安全开关均有效。在检修运行条件下确保打开每一个安全开关（OS、8LS、7LS、EEC、SOS、5LS、6LS、ES、TES、PES、GS、DS）时电梯经均能使电梯停止运行。注意，确认最低楼层的厅门闸锁有效。

7）门操作。

① 把电梯停在门区内（即隔磁板至少插入两个感应器内）。

② 把服务器连接到 DCSS 板的专用插头上。

③ 依次按服务器的 M、3、1、1 键，则服务器上显示如图 4-4 所示。

```
OPD    ][    OPD    ][
F:  DED       <---
```

图 4-4 服务器显示

在服务器显示界面中,"][" 表示轿门已经完全关闭,"[ ]" 表示轿门已经完全打开,"< >" 表示轿门正在打开,"> <" 表示轿门正在关闭。

a. 按 GO ON 键,直至出现 OPD(即 OPEN DOOR)开门命令,如图 4-5 所示。

```
OPD    ][    OPD    ][
F:  OPD       <---
```

图 4-5 开门命令效果

b. 按蓝键后,按 Enter 键,输入开门命令,门应该打开。

c. 按 GO ON 键,直至出现 CLD(CLOSE DOOR)关门命令,如图 4-6 所示。

```
OPD    ][    OPD    ][
F:  CLD       <---
```

图 4-6 关门命令效果

d. 按蓝键后,按 Enter 键,输入开门命令,门应该打开。

e. 调整门反转停顿时间。

在 DCSS 板上有一个 4 位的 DIP 开关,这些开关允许选择门反转停顿时间即门从停下来到门开始反转的延时间隔。开关与反转延时时间的关系见表 4-1。

表 4-1 开关与反转延时时间的关系

开关 4	开关 3	开关 2	开关 1	反转延时时间/ms
OFF	OFF	OFF	OFF	200
OFF	OFF	OFF	ON	300
OFF	OFF	ON	OFF	400

第4章 主要品牌电梯故障检修实例

续表

开关4	开关3	开关2	开关1	反转延时时间/ms
OFF	OFF	ON	ON	500
OFF	ON	OFF	OFF	600
⋮	⋮	⋮	⋮	⋮
ON	ON	ON	ON	1700

一般设置为700～100ms比较合适,即开关设置从OFF ON OFF ON 到ON OFF OFF OFF。

2. 自学习运行

为了让MCSS控制轿厢在平层时的位置,必须让系统知道每一楼层的楼高,即必须先执行自学习运行(LEARN RUN)。

1)服务器ST连接至MCSS板的专用插头内,系统自检后显示图4-7所示的内容。

```
SELF TEST

OK – MECS - MODE
```

图4-7 系统自检后显示内容

2)按MODULE键,服务器上显示图4-8所示的内容。

```
MCSS=2      DCSS=3

DBSS=4
```

图4-8 按MODULE键显示内容

3)按2键,选择MCSS选项,显示内容如图4-9所示。

```
MONITOR=1 TEST=2

SETUP=3    CALIBR=4
```

图4-9 选择MCSS选项

4)按4键,选择调校选项,显示内容如图4-10所示。

```
LEARN=1      PVTTST=2

LOAD%        CALIBR=3
```

图 4-10　选择调校选项

5）按 1 键，选择 LEARN 选项，显示内容如图 4-11 所示。

```
Switch on inspection
```

图 4-11　选择 LEARN 选项

把机房控制柜内的检修盒的检修按钮拨至 INS 位置，并且把 MCSS 板左边的 DIP SW 开关的 2 拨至 ENA（允许写入）位置，则服务器显示如图 4-12 所示。

```
to    start    learn

run   press GO ON
```

图 4-12　允许写入

6）按 GO ON 键，显示内容如图 4-13 所示。

```
1ls, 2ls   dist to

term, floor=***
```

图 4-13　按 GO ON 键显示内容（一）

7）再次按 GO ON 键，显示内容如图 4-14 所示。

```
switch back   to normal
```

图 4-14　按 GO ON 键显示内容（二）

把检修按钮拨回至 NORMAL（正常）位置，则自学习将自动进行，服务器会显示图 4-15 所示内容。

```
1af:22    3333        4444

A:        55555       66666
```

图 4-15　自学习自动进行时显示内容（一）

其中，1 表示 U 或 D（上行或下行）；22 表示电梯轿厢所在实际楼层；3333 表示 UP 或 DOWN（显示电梯的运行方向为向上或向下）；4444 显示 1LS、2LS、ID2Z、ODZ、ID2Z 等输入，如果出错，则显示 ERROR；55555 表示当前轿厢与底层的距离，单位是 mm；66666 指出显示在内 4444 位置的输入的安装位置。楼层数从最底楼层（直接用 00 表示）算起，之后显示图 4-16 所示内容。

```
7af:      88

         FINISHED

Hw      length:999999
```

图 4-16　自学习自动进行时显示内容（二）

其中，7 表示 U 或 D（上行或下行）；88 表示当前楼层数；999999 表示井道的长度；当服务器上显示 FINISHED 时，自学习运行圆满完成。

8）按蓝键，在服务器的显示屏左上角会出现一个闪烁的光标。

9）按 Enter 键。

10）把服务器的 DIP SW2 开关的 2 拨回 OFF（写保护）一侧。

11）按 MCSS 板上的 RESET（复位）按钮，自学习运行结束，如图 4-17 所示。

```
Learn run finished

  successfully
```

图 4-17　自学习运行结束

自学习过程中，要注意以下几点：

1）在上述 6）、7）把检修开关拨回 NORMAL 前，如果没有将 MCSS 板上的 DIP SW 开关的 2 拨至 ENA 位置，则服务器会显示图 4-18 所示的内容。

```
E2P WRITE DISABLE
```

图 4-18　未将 2 拨至 ENA 位置显示内容

电梯仍停止不动,这是因为 MCSS 板上的写保护开关处于保护位置,LEARN RUN 不能执行,即自学习的楼层高度数据不能写入 MCSS 板中。

2)若 1LS 的实际安装位置与 MCSS 的计算值的差距大于允许误差,则服务器会显示 NO FLOOR BOTTOM 出错。

3)若服务器显示图 4-19 所示的内容,则应检查 5LS 极限开关,要正确执行自学习操作,ID2Z 必须在隔磁板外,其后,电梯会停止并转向。若轿厢在门区感应器 ID2Z 移出隔磁板前停在 5LS 附近,则自学习将中途失败。

```
LEARN RUN ABORTED
```

图 4-19　服务器显示内容

3. 正常运行

(1) 给远程站送电

1)检查远程站的电源供应情况。确认在变压器 TRF1 的 E 点和 0V 点间有 AC24V 电压。

2)接通 CP2 开关,确认在 RF2 整流滤波器的输出端有 DC30V 电压。

(2) 用服务器输入呼梯信号

1)把服务器连至 OCSS 板的专用接头上。

2)依次按服务器的 M、1、1、1 键,则服务器显示如图 4-20 所示。

```
A – 08   IDL   M - ] [    ]
                [
C  u   00   d00   D
```

图 4-20　按 M、1、1、1 键后则服务器显示内容

3)输入呼梯信号,按所要呼的楼层的数字键。注意,1 楼对应 0 键,2 楼对应 1 键,依此类推。

例如,电梯在 1 楼,要电梯到 3 楼,可以按 2 键,此时服务器显示如图 4-21 所示。

第4章 主要品牌电梯故障检修实例

```
A－08  IDL  M-  ][  ][
 2  C u  01  d00  D
```

图 4-21 按 2 键后显示内容

4）按蓝键后，再按 Enter 键，输入 3 楼的模拟内呼信号，电梯就会驶向 3 楼。

（3）远程站的检查

1）根据接线图检查远程站 RS4 及远程扩展板 RSEBD 的地址有无错误，管脚接线连接是否正确。

2）参考 OCSS 安装参数及 I/O 口的 I/O 表，确认所有 EEPROM 内的参数和 I/O 地址正确。

4. 故障信息介绍

RCBII 故障介绍见表 4-2。

表 4-2 RCBII 故障介绍

故障代码	故障信息	故障原因
1100	software reset（软件复位）	在软件执行时间过长时出现，由内部自监控程序使软件重新开始执行
1101	ring software reset（群控软件复位）	在指定时间内未收到群控信息，使群控通信重新开始
1200	SIO message framing error（信息结构检测错误）	在由 MCSS 传送到 OCSS 的数据信息中，检测到一个结构错误，可能是由于断电或通信线断开引起的
1201	SIO timeout error（信息计时故障）	在由 MCSS 传送到 OCSS 的信息出现中断或暂停
1300	RSL1 loss of synchronisation（轿厢通信失去同步）	轿厢串行通信线在传输信息时失去同步
1301	RSL2 loss of synchronisation（大厅通信失去同步）	大厅串行通信线在传输信息时失去同步
1302	RSL3 loss of synchronisation（群控通信失去同步）	群控串行通信线在传输信息时失去同步
1400	RSL1 total parity errors（轿厢通信奇偶校验错误）	在轿厢串行通信线上检测到数据奇偶校验错误
1401	RSL2 total parity errors（大厅通信奇偶校验错误）	在大厅串行通信线上检测到数据奇偶校验错误
1402	RSL3 total parity errors（群控通信奇偶校验错误）	在群控串行通信线上检测到数据奇偶校验错误
1500	RING1 checksum error（RING1 检测故障）	在 RING1 群控通信上有检测故障
1501	RING1 timeout error（RING1 计时故障）	在 RING1 群控通信上有计时故障
1700	MCSS not available（MCSS 通信故障）	MCSS 不能与 OCSS 长时间通信
1702	DTC protection count（关门保护）	电梯不能正常关门，进入关门时间保护状态
1703	DTO protection count（开门保护）	电梯不能正常开门，进入开门时间保护状态
1704	Delay car protection（电梯延时保护）	电梯未能按要求离开层站，进入延时保护状态
1804	the RCBⅡ battery is not providing adequate voltage to support the power failure RAM	RCBⅡ 备用电池电压不足需更换

MCBII 故障介绍见表 4-3。

表 4-3　MCBII 故障介绍

故障代码	故障信息	故障原因
2001	power on reset counter	给 CPU（LMCSS）重新提供 5V（应大于 4.5V）的电源电压
2105	DZ sequence error	DZ 传感器不按次序输入，计数该错误
2108	1LS sequence error	1LS 与 2LS 同时发生动作时，2LS 在最低楼层不动作时，计数该错误
2109	2LS sequence error	1LS 与 2LS 同时发生动作时，2LS 在顶层未能测到时，计数该错误
2404	communicaton check error	通信检测错误
2703	DBS drive fault	收到 DBSS 发生的 "drive fault" 信息，计数该错误
2800	absolute overspeed	超速被侦测，电梯发生紧急停止
2801	velocity tracking error	实际速度与速度命令的差值超出
2802	PVT direction error	当电梯速度不小于 100m/s 和 PVT 在运行方向 R 及 F 数值相反时，电梯急停
2803	NTSD overspeed	电梯速度超过 NTSD 强减速度时，电梯强迫减速
2805	U/D relays input error	当 U/D 继电器的输入及输出资料不能配合时，电梯急停
2810	DBD	电梯运行时产生 DBD 输入或停止时不产生 DBD 输入，电梯急停
2812	SAF	安全回路断开，电梯急停
2813	DFC	由于门及门锁回路不一致，使 U/D 继电器不吸合，使电梯急停
2814	FSO/ASO	电梯在门区停止而 FSO 继电器不吸合，使电梯急停
2900	MCSS branch error	MLS 和 MDS 有不正常值
2901	illegal move	由于门打开而停车时没有门区信号输入（DZ sensor）
2902	inspection SC overspeed error	检修速度 SC 超时

4.2.3　奥的斯电梯故障及排除

故障 1　电梯在送电后变频器接触器和风扇没有动作，按检修运行时 U、D、U/D 继电器能够正常动作，主接触器 SW 没有动作。检查变频器故障记录为 current variance。

问题原因及排除：

由于变频器上 J15-1 的接线松动，导致电梯在起动的时候变频器没有收到 AC110V 的信号，电梯不能正常起动，SW 接触器也不会有输出。

故障 2　电梯上电后，显示状态正常，在运行时 UDX、LB 均吸合但梯速不正常，并很快停止。

问题原因及排除：

可能存在以下原因：①编码器相序错，交换 A+ 与 A- 或 B+ 与 B-；②编码器本身问题（如有油污）；③DBSS 及 MCSS 速度参数错，应更正速度参数；此时 MCSS 有 2902 错误，即 SC 故障；④DBSS 的惯性太大。

故障 3 电梯上电后，显示状态正常，慢车速度正常，但运行不长即停。

问题原因及排除：

可能存在以下问题：①电动机总在处于发电状态下出现上述情况，则可能是 DC link OVT 故障，应调整 DBSS 中的 AC line voltage 及 BUS OVT 参数、BUS Fascale 参数；②检查抱闸是否完全张开，如未完全张开，则运行电流很大，会出现 Motor overload 故障而停梯，同时也应检查，DBSS 中 MTR OVL TMR 和 DRIVE RTD I RMS 参数，以及 MCSS 中的 OVERBALANCE 参数。

故障 4 电梯检修运行只运行很短的距离就停止，变频器上的方向指示灯上、下两个方向的灯同时亮，用服务器检查（依次按 M、2、2、2 键）有 2801 故障。

问题原因及排除：

检查编码器接线，无断线情况；用手转动 PVT DBSS 方向灯亦无显示；测量电压，发现只有 4V 左右，拔掉 M2 后再次测量则有 DC8V 电压；拆开编码器一头端子，发现有短路现象，处理后正常。

故障 5 电梯到站不开门。

问题原因及排除：

1）检查门机接线和相应的电压值。

2）确认 FSO 信号有无从 MCB 板发出，DCSS 有无接收到 FSO 信号。

3）相应参数检查，即门机类型、层楼相关参数。

4）检查门机上 DOL，DOL 和安全触板光幕信号 5 确认门机板和 MCB 板有无问题。

故障 6 外呼/内呼不正常。

问题原因及排除：

1）检查串行通信线及远程通信板。

2）检查 DCSS 与 MCSS 的通信。

3）检查电梯是否处于某种保护模式，如 DTO、DTC、COR 等。

4）参数检查，如 I/O 地址及屏蔽层的设置。

故障 7 电梯不能快车运行，显示 "NAV"。

问题原因及排除：

1）检查消防及锁梯参数的设置。

2）检查层楼屏蔽及层楼表相关参数。

3）检查 1-3-2 地址，特别是一些不用的地址设定（如 GNP、744、745 等）。

4）结合 DBSS 和 MCSS 的故障记录分析。

5）检查芯片管脚和蓄电池的情况。

6）将 1-5-1 里存储器清零。

故障 8　电梯群控不正常。

问题原因及排除：
1）检查群控和楼层表参数，以及层楼数不一样的相关参数设定。
2）服务器里确认能监控到并联环里的其他电梯。
3）检查群控线和 SOM 板。

故障 9　电梯消防功能不正常。

问题原因及排除：
1）检查消防代码和传感器类型设置。
2）检查消防开关的类型是否跟设置相符。
3）芯片受到干扰信号（关送电源时产生的瞬间电流、静电、雷电等）的影响。

故障 10　电梯运行及停车舒适感不好。

问题原因及排除：
1）适当调节 MCSS 里相关曲线的参数。
2）检查机械上（导轨、导靴、钢丝绳松紧度、主机及轿厢隔音减振装置的安装方式等）有无不当。
3）是否设置平衡系数和静平衡。
4）确认称重信号是否正常。
5）进行电动机的自学习。

故障 11　称重信号不正常。

问题原因及排除：
1）检查 2-3-4 里称重类型的设置，以及 OCSS 里和 1-3-1-9 里 MCSS-O 类型的设置。
2）检查称重开关的类型及接线。
3）确认称重开关的地址设置。
4）在 OCSS 里面和 2-1-7 里监控称重信号。

故障 12　开关门按钮不起作用。

问题原因及排除：
1）检查 1-3-1-3 里 CLOS-O（EN-CK）的设置。
2）1-3-2 开关门地址的设置。
3）检查门机接线，确认开关门信号与门机是否相符。
4）按钮有无问题。

故障 13　慢车时电梯开一下就停止。

问题原因及排除：

1）查看 DBSS 和 MCSS 上的故障记录。

2）检查 UDX、LB 继电器的工作状态。

3）确认编码器的相序，必要时调换一下 A+/A-或 B+/B-。

4）检查 DBSS 和 MCSS 的参数，如速度有关参数及主机参数。

5）检查抱闸及 DBD 线路。

故障 14　主机声音异常。

问题原因及排除：

1）检查变频器参数，特别是 4-3-1-8 里的载波相关的参数。

2）检查编码器的线有无接地、短路或断路。

3）查看变频器的输出电流有无异常。

4）确认主机本身有无问题。

故障 15　使用 160VAT 主机的电梯在更换变频器 VAVB1 板之后主机的运行声音较响。

问题原因及排除：

160VAT 主机运行时声音较响，而且发热厉害，根据现场分析，排除机械原因。查看变频器参数，发现载波切换电流和频率参数设置不正确。更改两个参数后电梯运行正常。

故障 16　电梯门不关，按关门按钮不起作用，电梯不运行。

问题原因及排除：

根据故障现象来看，导致故障的原因可能是，①安全触板开关处于闭合状态（正常情况下应处于常开状态）；②开门按钮未复位，或其上的+42V 供电消失或异常，或相关线路有断路。

故障 17　据用户称，SPEC50\1.5-1000 型电梯使用一直很好，可后来却偶然出现不能自动关门故障，故障的出现无规律，有时一天工作均正常，有时却突然出现不能正常自动关门故障。

问题原因及排除：

奥的斯 SPEC50\1.5-1000 型电梯的额定载重量为 1000kg，额定运行速度为 1.5m/s，采用 OVL 型门机系统。出现偶然不能自动关门故障，估计是与关门系统有关的电路中有接触不良现象，或有元器件特性不良呈时好时坏状引起的。究其原因可能有以下几个方面：

1）输入接口板上的 L1 输入单元损坏或没有信号输出。
2）关门终端开关 DCL 触点接触不良。
3）关门继电器 DC 线圈及其控制线路有接触不良现象。
4）运行接口板 MIB 上的 DCR 功能放大处理单元开路或损坏，无信号输出。

故障 18　客户反映说经常按内呼 4 楼电梯停在 3 楼。

问题原因及排除：

根据故障现象，经常按内呼 4 楼电梯停 3 楼，保养时已将磁条对过，但是故障依旧。上机房观察控制柜发现电梯从底层向上开正常每经过一层需 IPD-DZ-IPU 依序闪亮，但此梯在经过 2 楼时 IPU 一亮完马上又亮一下，怀疑随行电缆或上减速感应开关有问题。

故障 19　电梯轿厢运行过程中，未达到层站位置即提前停车，平层误差较大。

问题原因及排除：

导致上述故障的原因可能有以下几个方面：DMCU 板上的 VR5 可调电阻器变质或位置发生了移位；数字传感器的表面受污染严重，第一位置传感器的位置发生了松动。

故障 20　15 层建筑电梯，电梯向上运行到 6 楼急停一下，后正常。到 10 楼又急停一下，后又正常。

问题原因及排除：

初步判断是门刀撞到门轮了。检查门刀和门轮间隙在正常值范围，但电梯左右的摆动比较大，检查导靴发现门刀一边中间的导靴磨损比较大，运行时摆到一边撞到门轮引起急停。

故障 21　电梯不运行。

问题原因及排除：

观察电梯状态，检查发现 F6C 熔断器故障，向上检查相序输出错误继电器灯不亮。

故障 22　电梯在高速运行中如果安全回路断开，当空载上行或满载下行时，电梯将会出现短时超速。

问题原因及排除：

抱闸二极管回路没有串入安全继电器的常开触点。

电梯在高速运行中如果安全回路断开，二极管将起到续流作用，抱闸会延时释放，当空载上行或满载下行时，电梯将会出现短时超速。在抱闸续流回路接入 SAF 的常开触点（23、24 号触点）。整改后电梯正常。因为电梯正常运行时，安全回路断开后，抱闸续流回路立即断开，抱闸将不会延时释放。

故障23　货梯在起动和运行时称重装置接收到的称重信息变化很大，出现超载信息。

问题原因及排除：

由于电梯在起动和运行时，承重装置的受力发生变化，而装置没有接入门锁信号，导致在门关闭后装置仍能接受称重信息。

故障24　工地反馈PLC控制的电梯有开门运行电梯的风险。

问题原因及排除：

安全回路中某些触点的绝缘不好，会导致抱闸两端有110V电压，使抱闸打开，电梯溜车。

4.3　三菱系列电梯故障检修实例

4.3.1　三菱电梯概述

1. 系统配置

现以VFCL梯型为例，学习三菱电梯的结构，其系统配置如图4-22所示。

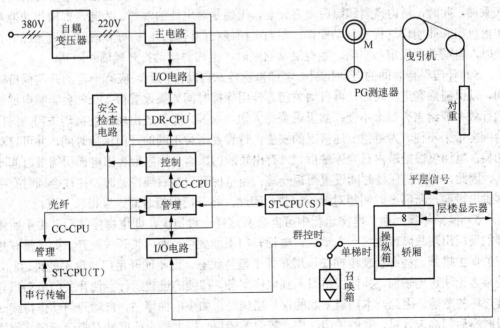

图4-22　VFCL梯型结构图

2. 系统功能组成

（1）标准操作功能

所谓标准操作功能是指每台电梯必备的操作功能。例如，电梯的自动运行方式（包括自动开关门、自动起动、自动减速和平层等）、安全触板、本层开门、手动运行（检修运行）等。

1）低速自动运行：若电梯在运行过程中突然发生故障，电梯紧急停车在层楼间时，为了尽快救出关在轿厢内的乘客，电梯自动以原来运行相反的方向起动，以检修速度运行到最近层楼停靠，自动开门放人。

2）反向时轿内召唤的自动消除：当电梯在无司机操作、高速自动运行中，响应完前方的召唤后准备去响应反方向的召唤时，自动消除所有已登记的轿内召唤。

3）自动应急处理：电梯群控时，如果其中一台电梯在确定方向数十秒后尚未起动运行，可以假设为此梯该时刻处于某种特殊状态，如正处于开门保持状态或发生了某种故障。若长时间保持这种状态，则分配给这台电梯的层站召唤将迟迟得不到响应，严重影响对乘客的服务质量。为此，群控系统在遇到这种情况时，把这台虽然保持有方向而不能起动的电梯切出群控系统，将层站召唤分配给群内其他电梯去执行。一旦这台电梯可以正常运行后，群控系统又把它接纳入群内。

4）轿内风扇、照明的自动操作：电梯运行时忙时闲，有时会在很长一段时间内无人乘梯。此时，轿内风扇和照明一直开着，无疑是对电能的浪费。为此，本操作功能对轿内风扇和照明作这样的自动操作，即当电梯停在门区内、门关好一段时间后无任何召唤时，自动关掉风扇和照明。当有层站召唤时，电梯再自动打开风扇和照明。

5）开门保持时间的自动控制：电梯每次停站自动开门后，应有一定的开门保持时间，以保证乘客进出轿厢，再自动关门。开门保持时间如果设置得太长，会影响电梯的运行效率或给乘客带来不便；如果设置得太短，乘客来不及进出轿厢就自动关门，同样给乘客带来不便。为避免上述情况的发生，特设置两种不同的开门保持时间，并可自动切换。电梯仅根据轿内召唤停站后，只有出轿厢的乘客，轿内乘客出电梯所需要时间不长，因此，将开门保持时间设置得短一些；当电梯有层站召唤停站时，往往会同时有乘客进出轿厢，所需要时间相对要长一些，因此，将开门保持时间设置得长一点。

6）换站停靠：通常电梯运行中可能会有这样一种情况，即电梯停站后，由于所停层的层门出现故障或垃圾卡入地坎，电梯开门不能到位，而门锁开关脱开。如果没有相应的保护措施，势必会使电梯在该层站处于僵持状态，既不能开足门，也不能再运行，使乘客无法进出轿厢，其他层站得不到电梯服务。持续的过载运行会使开关门电动机有被烧坏的危险。因此，本功能采取的保护措施是，如果电梯停站，自动开门动作持续一段时间后门尚未开足，就做关门动作，等门关闭后，根据轿内或层站召唤运行到其他层站后开门放人。

7）重复关门：常有这样一种情况，电梯关门时，人为地用力顶住门或有垃圾卡入地坎，使电梯关不了门。此时，如果任其下去，电梯会在此僵持住。因此，本功能采取的措施是，当关门动作持续一段时间后，如果门尚未关闭，改为开门动作，门打开并等待一段时间后，再做关门动作。如此往返，直至门关闭为止。

（2）选择操作功能

选择操作功能是根据工程特殊需要而设计的功能。

1）强行关门：当电梯停站并打开门后，如果发生特殊情况或故障，使正常的自动关门不能动作。例如，层站顺向召唤按钮卡住松不开时，这台电梯即使有了方向也由于关不了门而一直停在该层站。这样，不仅使轿厢内的乘客去不了目的层站，而且影响整个系统的服务效率。为此，本功能采取的措施是，当电梯停站时方向确定数十秒后，如果门还没有关好，那么此时只要开门按钮没按下和安全触板没有动作，电梯就会强行关门，门关闭立即起动。

2）门的光电装置安全操作：为了防止乘客被电梯门卡住，每台电梯都装有安全触板开关。但是，对乘客来说，被安全触板碰一下，虽然不会有什么损伤，但总不是一件舒服的事。为此，还备有门的光电装置安全操作功能供用户选择。当光电装置的发射端或接收端被灰堵住时，如果没有特别对策，这台电梯就永远不会关门。因此，本功能采取的措施是，第一，只要按下关门按钮，即使光电装置的光线被挡住，电梯照样关门；其二，当连续数十秒光线被挡住后，电梯仍会自动关门，因为一般来说，不可能连续数十秒有乘客进出轿厢。

3）门的超声波装置安全操作：SP-VF、MP-VF 电梯备有与光电装置作用相同的超声波装置。其基本原理是利用检测超声波从发射到接收反射之间的时间间隔，检测是否正有乘客进出轿厢，从而避免电梯门边缘碰到乘客。与光电装置一样，超声波装置也要考虑各种特殊情况，如有人站在电梯层门附近或有货物堆放在层站附近等。在这种情况下，超声波装置将会误认为有人在进出轿厢。为此，本功能也有类似光电装置安全操作功能的对策，即按住关门按钮或连续数十秒测到目标时，电梯仍关门。

4）电子门安全操作：电子门是一种更高级的门安全保护装置。它既保证不让乘客碰到门边缘，又比光电装置和超声波装置具有更高的安全系数。电子门安全操作的过程是电梯在关门过程中，乘客或货物接近门边缘（约 10cm），电子门即动作，立即重新开门。

5）停电自动平层操作：如果大楼里没有自备的紧急供电装置，遇到突然停电时有可能使正在运行的轿厢停在层楼之间，使轿内乘客无法出来。因此，VFCL 梯型可供用户选配紧急平层装置。有了该装置后，遇到停电情况时，电梯停到层站之间几秒后，就利用紧急平层装置起动电梯，运行到最近层停靠后，自动开门放人，保证了乘客的安全。

6）轿内无用指令信号的自动消除：有的乘客在乘电梯时喜欢闹着玩，乱按了许多轿内指令按钮。如果没有特殊操作，这些被登记的无用指令将使电梯空跑许多时间。为此，本功能具有的作用是，当电梯检测到轿厢内的指令信号多于乘客人数时，就认为其中必有无用的召唤信号，因此，将已登记的轿厢指令信号全部消除，真正需要的可重新登记。

7）层站停机开关操作：一旦操作人员关掉基站停机开关后，层站的所有召唤立即不起作用，已登记的消号，但轿内指令继续有效，直到服务完轿内指令后，电梯返回到基站，自动开门保持一段时间后关门停机，同时切断轿内风扇和照明。

8）独立运行：群控时，所有群内电梯是由群控系统统一调配的，即每台电梯除了响应自身的轿内指令外，还要响应群控系统分配的层站召唤。为了便于群内某台电梯用于特殊情况下的专门运行，VFCL梯型群控系统中备有独立运行操作功能供用户选配。当电梯司机合上轿内的独立运行开关后，这台电梯就开始独立运行，即它不响应层站的召唤，只有在电梯确定运行方向后，司机按住关门按钮时，才关门。在门关闭前，如松开关门按钮，它还会自动开门。门关闭后的其他所有动作与平常的高速自动运行相同。

9）分散等命：分散待命功能仅针对群控系统。由于电梯服务时忙时闲，空闲时，有可能所有的电梯都没有任务，处于待命状态，为了提高服务效率，MP-VF电梯备有分散待命操作功能供选配。当所有电梯处于待命状态时，一定要保证有一台电梯停在基站，另外还有一台电梯停在中间层站区。这是考虑基站的层站召唤概率最大，而其他层站的召唤概率大致相同，有一台处于中间层站区，对于响应各层站的召唤都比较方便。

除了上述操作功能外，VFCL梯型的选择功能还有许多，如自动语音报站装置操作、电梯群控集中监控操作、上下班高峰服务功能、午餐时服务、会议室服务、指定层强行停车、防犯运行、服务层切换、紧急医务运行、地震时紧急运行、即时预报等，这里不再一一介绍。

4.3.2 三菱电梯的运行调试

1. 运行准备

（1）电源系统

接通机房内电源开关DZ，三相AC380V电源经变压器使二次侧R1、S1、T1端子获得AC220V线电压。同时，R4、S4、T4端子也获得220V的线电压。使两台并联的变压器TR-01和TR-02的一次端得电，其二次端有六组电压输出。

第一组：由TR-01的B1、B2和TR-02的B1、B2组成。经SCL3A熔断器和整流器R-SCL1、R-SCL2整流后由600号输出端输出DC10V电压，供轿内和厅外按钮信号电源。

第二组：由TR-01的A1、A2和TR-02的A1、A2组成。TR-01的A1、A2供给E1板-15V的整流器电源。TR-02的A1、A2供给E1板+15V和+5V整流器电源。

第三组：由TR-02的Y1、Y2组成。经CPU5A熔断器，整流器PS-1输出DC5V电源，供计算机使用。

第四组：由TR-02的Y2、Y3组成。Y1、Y3经CAL3A熔断器。整流器R-CAL从920号出线端和600号出线端输出DC100V，供呼叫记忆灯电源。

第五组：由TR-01的Z1和TR-02的Z1组成。经熔断器CR3A和整流器R-CR从

420号、400号出线端输出DC48V电压，供继电器、井道开关控制信号、平层信号电源。

第六组：由TR-01的X1、X2和TR-02的X1、X2组成。

经ACR熔断器，线号为RIS、SIS、TIS线供给整流器R-ACR三相电源。经R-ACR整流，从79号、00号输出DC125V电源。DC125V电源供厅门、轿门门锁信号、接触器、抱闸线圈、安全系统、门电机系统电源。RIS、SIS、TIS经电阻D-A还供相序检测。

另外，照明电源经空气断路器LIGHT、B与LT#1、LT#2端子接通，再经10A熔断器后，L10#、L20#得电，供照明、风扇、到站钟用。

（2）指示灯状态

电源接通后，通过基础变压器TR-03、温度熔断器CHG（5A）和充放电电阻，给2000μF电解电容充电。当电解电容充电后，LIR-18X上的DCV发光二极管点亮。

当电源ACR熔断器次级正常时，KCJ-12X（E1板）上的发光二极管P.P点亮；当ACR熔断器次级错相或断相时，P.P不亮。

当DR-CPU计算机正常时，KCJ-12X（E1板）的发光二极管WDT点亮。当CC-CPU计算机正常时，KCJ-15X（W1板）上的发光二极管WDT点亮，不正常时不亮。

如果限速器开关GOV、极限开关UOT、DOT，底坑急停开关PIT STOP，安全钳开关SAF，紧急出口开关E.EXIT，运行/停止开关RUN/STOP均处在接通位置，KCJ-15X（W1板）上的29号发光二极管点亮。如其中有一个开关未接通，29号发光二极管不亮。

如果是自动运行状态，KCJ-15X（W1板）上60号发光二极管点亮，60继电器吸合。

如果自动检修控制继电器60吸合后，其13号触点接触良好，则KCJ-15X（W1板）内部运行正常，内部安全回路继电器89吸合，89号发光二极管点亮。在检修状态时，电梯不运行时，89号发光二极管不点亮；电梯运行时89号点亮，继电器89吸合。

如果电梯在门区区域内，KCJ-15X（W1板）上的发光二极管DZ点亮。

如果电梯厅、轿门都关好，门电锁接触良好，KCJ-15X（W1板）发光二极管41DG点亮。

如果信号串行传输正常，KCJ-10X（P1板）上发光二极管SET闪亮。信号传输不正常时，SET点亮或不发光。

按外呼信号时，KCJ-10X（P1板）上的发光二极管STM闪亮，当轿内有指令信号时（按钮未按下），STM持续点亮。无轿内指令时，STM不发光。

各发光二极管功能一览表见表4-4。

2. 电梯的运行

当电梯处于开、关门等运行状态时，此时按基站外呼按钮，信号经串行传输到KCJ-10X（P1板），经8085计算机判断为本层开门，再将信号传输到KCJ-15X（W1板）。输出开门信号，电梯开门。

表 4-4 各发光二极管功能一览表

插件板型号 （插件板名称）	发光二极管名称	状态	功能
KCJ-10X （P1 板）	SET	△	串行传输正常时
		连续○或×	串行传输不正常时
	STM	×	无轿厢召唤
		△	轿厢召唤按钮关着的时候
		○	有轿厢召唤（按钮未按着）
	UP	○	上行方向时
	DN	○	下行方向时
	层站显示	-------	轿厢位置指示（最下层为1） 闪光→检测出选层器偏差
KCJ-15X （W1 板）	21	○	开门指令
	22	○	关门指令
	WDT	○	CC-CPU 正常时
		×	CC-CPU 不正常时
	41DG	○	层门、轿门锁开关 ON
		×	层门、轿门锁开关 OFF
	29	○	安全回路正常时
		×	安全回路不正常时
	89	○	自动或手动运行中（安全回路正常）
		×	手动停止时或安全回路不正常时
	60	○	自动时
		×	手动时
	DZ	○	门区内
		×	门区外
KCJ-12X （E1 板）	WDT	○	DR-CPU 正常时
		×	DR-CPU 不正常时
	P.P	○	ACR 熔断器次级侧正常时
		×	ACR 熔断器次级侧错相或断相时
LIR-18X	DCV	○	主回路电解电容有充电电压
		×	主回路电解电容无充电电压

注：△—闪亮；○—点亮；×—不亮。

人进入轿厢后，经延时，电梯自动关门；也可按关门按钮（CLOSE），使电梯提前关门。开门时 W1 板上的发光二极管 21 点亮，开门结束后熄灭。关门时发光二极管 22 点亮，关门结束后 22 熄灭。

如果轿内指令选 5 层按钮，则指令经串行传输到 KCJ-10X（P1 板）上，P1 板上的发光二极管 STM 闪亮，当手离开按钮后，信号被登记，STM 点亮，内选按钮指示灯也点亮。电梯定为上方向运行。

计算机核实信号后,可将运行信号传输到 KCJ-15X(W1 板)并发出运行指令。主回路接触器 5 吸合,其 1 号和 2 号触点并联使用,接通抱闸线圈电路。其 A、B、C 触点接通逆变器电源。抱闸接触器 LB 吸合,其触点 A、C 闭合,抱闸打开。电梯开始按给定曲线运行,其给定速度信号不断与速度反馈信号比较,不断校正,使电梯运行的速度曲线尽量符合理想的运行曲线,使电梯运行平稳。

运行过程中,井道中的轿厢位置传感继电器 PAD 每过一个隔磁板即核对一次运行位置,并将信号输入计算机与计算机中记忆的位置和旋转编码器发回的脉冲数量核对,3 个信号核对无误后电梯继续运行。PAD 每到一个隔磁板,门区检测器 DZ 即吸合一次,层楼指示便变化一次。

运行过程中计算机里的"先行楼层"不断检索楼层呼梯指令信号。当"先行楼层"检索到呼梯指令后,上到站钟 GU 或下到站钟 GD 发出到站钟声,经延时,计算机发出换速信号,电梯开始减速运行。当隔磁板插入平层感应器时,电梯进一步减速进入爬行。当轿厢到达平层位置后,接触器 5 断电,电梯停止运行。抱闸接触器 LB 释放,抱闸线圈断电,制动器抱闸,电梯停稳。

电梯停稳后,KCJ-15X(W1 板)发出开门信号,电梯开门。

经延时,关门时间到,W1 板发出关门信号,电梯又开始关门。

电梯门关好后,其运行方向按轿内指令和厅外召唤与轿厢的相对位置而定。如没有任何指令,电梯就地待命(有返回基站功能时即返回基站)。

检修速度时的运行。

在控制柜上和轿厢操纵盘的开关盒内各有一个自动/手动开关(AUTO/HAND),将开关置于 HAND 位置时,电梯处于检修运行状态。此时自动检修控制继电器 60 释放,安全回路继电器 89 释放。

在轿内按 UP 上行按钮时,继电器 89 吸合,电梯向上以检修速度运行。在轿内按 DOWN 下行按钮时,89 继电器吸合,电梯向下以检修速度运行。

在机房扳动控制柜上的 AUTO/HAND 开关到 HAND 位置时,电梯处于检修工作状态,此时再扳动自动复位式 UP/DOWN 开关到 UP 位置时,电梯以检修速度向上运行。置位 DOWN 位置时,电梯以检修速度向下运行。

如果检修人员在轿顶操作,则须将轿顶配线箱上的 ON CAGE 开关置到 ON CAGE 位置,然后按轿顶操作盒上的 UP 或 DOWN 按钮,电梯即以检修速度向上或向下运行。此时轿内和机房的检修操作均无效,只能听从于轿顶操作人员的指令。

4.3.3 三菱电梯故障及排除

故障 1 电梯呼梯故障。

问题原因及排除:

经过检查,电梯可以检修运行,可以自动平层,自动返回基站。检查所有外部线路正常，就是 P1 板上的串行灯 STM 不闪烁，表明串行系统不能正常工作。

VFCL 的串行系统分两支，一支从机房到外呼梯，一支从机房到内指令和指层器，通常串行系统出错有多种表现，单个楼层出错表现为仅仅该层不能呼梯，两个楼层出错表现为两个楼层之间不能呼梯（因为系统可以正反双向传送）；还有的出错造成该层呼梯灯不灭，电梯自动响应该层；轿内的出错表现为每层的指令均亮，电梯一层层停；或者指层器不显示，楼层不变化；这些现象均是串行出错的表现。

对于出现的这些问题，我们先根据其结构找到是哪一个分支的故障，然后找到是哪一个部件的问题，就好维修了，该串行系统主要包括 P1 板上的两个接口芯片 UPA67C 和一些限流、限压电路组成，每个厅门盒内装有一个 M5690、M5226 的集成芯片，在轿内的呼梯板和显示板上也有 M5690、M5226，它们是该串行的主要芯片。

故障 2　继电器 89 不动作。

问题原因及排除：

经过检查电梯安全回路正常，外部线路正常，就是无法起动（继电器 89 不动作，89 指示灯不亮）。

首先再次确认 29 安全回路是否正常，我们不能因为 29 指示灯亮就认为安全回路正常，SPVF 的安全回路是 79 端子通过开关再限流直接输入 P1 板，所以有时较低的电压也可以输入 P1 板，造成安全回路正常的假象，但是较低的电压确不能推动继电器 89 的动作。所以安全回路的短路不是很严重时，可能不会烧坏熔断器，而是造成此现象。我们可以测量安全回路的对地电阻及安全回路各点的电压判断。

如果安全回路正常，我们再查看 P1 板的 W1C-P09 脚是否输出低电压，由于 P1 板的此点输出容易损坏，只要看看 P1 板的输出晶体管及走线，一般都能找到故障的所在。

故障 3　门机板故障。

问题原因及排除：

门机板采用调压调速的三相控制，并在关门后其中一相通过电阻减压继续保持一个小的力矩防止门被打开，这就是三菱 SPVF 梯运行时始终输出关门信号的原因，不过也因为这样门机板长期工作，对门机板电子元器件的要求很高。

门位置信号是通过一个光栅盘来采样的。光栅盘的位置很重要，虽然看起来是死的，实际上是可以微调的，总之在开关的过程中，必须看到 LED 灯亮－灭－亮－灭－亮的过程，否则电梯门看起来正常，实际在终端电动机还在运行，久之，门机板就坏了。

门机板除非完全进水不能再用，否则还是比较好修理的，一般是门机板上红色的模块坏了，换了它就可以了。

故障 4　一运行就自保。

问题原因及排除：

一般电梯都有一个故障检查系统，一运行就自保，说明故障只有在运行时才被检查出来，如电梯过电流、编码器无输出、拖动数据不匹配等，由于早前的电梯不能记忆故障，因此每次断电后都又发生一运行就自保的故障。

对此故障，我们先找到自保原因，在没有维修机的情况下，首先看编码器，编码器的输出在电动机旋转时有 DC2.5V 电压，停止时则电压应小于 DC1V。如果编码器没问题，外部接线正常，则可能是过电流引起的，如电动机过电流、电梯过载，也可能是电流检测单元（DC-CT）的问题。在 E1 板上可以检测到 CT 的偏置电压，如果不正常，则需要调整 DC-CT 的 OFS 电位器，至于如何调整可以查看 SPVF 的安装调试手册。

故障 5　门关一半又打开。

问题原因及排除：

此种故障发生频率较高，一般门上的安全触板的连接线由于门经常运动会被折断或短路，这种随着门运动安全触板接线时通时断的原因造成门关了部分后又打开故障。

故障 6　写入操作时楼层指示不闪烁。

问题原因及排除：

在调试和维修中我们经常要写入楼层高度，实际上写入的是楼层脉冲数、减速点的位置。如果写入时楼层指示不闪烁或先闪烁后停止闪烁，则数据是写不进去的，这一般是由于门区信号和下强迫减速不正常所致，单程下强迫减速信号具有强迫楼层为 1 的作用，门区是采样楼层高度的关键，有些海外的三菱门区信号有两个，一个推动继电器，一个输入计算机，千万不要看到 DZ 继电器动作或计算机板上的 DZ 灯亮就认为门区信号正常。

故障 7　电梯安全开关均处于正常位置但安全回路继电器不得电且电梯不起动。

问题原因及排除：

虽然井道内各个安全开关都正常，但自动检修继电器不工作或损坏或无电源，常开触点 60 不通，安全回路继电器 89 也不会工作。

1）经检查，自动检修控制继电器 60 确实未得电，但实际上是一个很小的故障，由于刚检修完，控制柜检修继电器忘了及时置于"自动"位，当然继电器 60 不会得电，安全回路继电器 89 也不会工作。

2）将控制柜检修继电器置于"自动"位，故障也就消失了，有时由于工作忙乱，本来不是故障，人为造成了误操作故障，这是需要注意的。

故障 8　电梯任何状态下都不开关门。

问题原因及排除：

电梯在自动和检修状态下都不能开关门，说明开关门机的主回路、控制回路都可能有问题。该三菱电梯的门机为三相 AC110V，若电源变压器损坏无 110V 输出，门机也不会动作。开关门信号是受 W1 板控制，若 W1 无输出开关门信号，当然也不会开关门。

检查电源 110V 正常，确认门机三绕组对称，门机无故障。手动接触器动作时，主触点接触良好。最后怀疑热继电器可能有故障，观察热继电器确实之前动作过，没有复位，微机 W1 得到一热继电器动作信号后，造成任何状态下都不能关门。这可能是偶然过电流时，门机热继电器动作。将热继电器复位后，开关门正常了。

故障 9　电梯在端站以外的各层平层精度。

问题原因及排除：

VFCL 三菱电梯在上下终端站是由强迫换速开关控制的，平层精度好，说明减速开关位置安装正确，减速速度模式正确。中间各层的换速减速点是靠微机结合旋转编码器构成的模拟电梯完成的。模拟电梯在电梯实际起动时，要比实际电梯先行一步（给一个提前量），其目的是检测目标层在哪里，即到所要应答的层楼先停下来，在模拟电梯到目的层停下来的同时，电梯便发出减速信号，按减速模式减速到该目的层时，得到 PAD 平层开关信号，使电梯平层停机。所以端站以外的中间各层平层精度就决定了微机所给模拟电梯先行的时间提前量及减速速度模式的正确与否，相当于电梯平层前的减速点位置准确性如何。

这种故障属于微机软件调试问题。制造厂家软件调试人员修改调试模拟电梯的先行时间提前量及减速速度模式即可解决。

故障 10　顶检修上行电梯不开车。

问题原因及排除：

自动检修开关或点动上行按钮触点接触不好，都会使电梯不开车。

将自动检修开关置"检修"位，按下上行按钮 UP，另外一人配合在机房观察 D89 是否亮，发现 D89 一直不亮，说明继电器 89 回路有故障。检查轿顶接线盒线路正常，自动检修开关、按钮都正常。到机房检查继电器 89 接线无松动，测量线圈正常无开路现象。最后将 W1 板上的接线端子都重新拧紧一下，插头重新按一下，再通电点动上行正常了。说明继电器 89 至 W1 板上的导线触点有松动接触不良现象。

故障 11　检修时，上行电梯不运行。

问题原因及排除：

轿厢检修时，自动检修开关置"检修"后，继电器 60 失电，使安全回路继电器 89 失电，电梯不能自动起动，因失去微机的控制，处于手动点动运行状态。安全回路继电器 89 由点动实现得电后，使 LB 抱闸接触器和主接触器得电，实现电梯的点动运行。轿内检修时将轿内检修上行按钮按下，继电器 89 得电，电梯即可点动上行。若此点动上行回路中轿顶上行按钮、D-S 二极管组件、继电器 89 任一点有故障就不能实现点动上行。上行方向信号由 SSU 控制，若方向控制电路有故障，即 UP 按钮按下后，SSU 点没有得到高电位，也不能实现上行点动运行。

检查测量轿内检修上行按钮 UP、二极管组件 D-S 均导通，继电器 89 无故障，方向控制电路的 D-S 组件也导通无故障，那么怀疑是轿顶检修开关未复位置于"自动"状态，因维修人员刚刚从轿顶上排故下来。上轿顶检查，果然是轿顶自动检修开关还置于"检修"状态。这时轿内检修电路得不到+125V 控制电源，所以不可能点动上行。把轿顶自动检修开关置"自动"位后，轿内检修上行运行正常了。像这样的故障应得到教训，做过的事一定要复原。例如，排故时有时需短接部分电路，验证其有无故障，事后一定不能忘记及时去掉短接线，否则会造成大的损失和重大事故。

思 考 题

1. 迅达系列电梯、奥的斯系列电梯、三菱系列电梯的运行控制各有什么特点？
2. 进行电梯运行调试时应注意哪些问题？
3. 哪些原因可能造成电梯故障？
4. 排除电梯故障时应注意哪些因素？
5. 如何通过电梯故障的现象分析故障原因？

第5章 自动扶梯

5.1 自动扶梯的基本知识

5.1.1 自动扶梯的定义与分类

1. 定义

国家标准 GB/T 7024—2008《电梯、自动扶梯、自动人行道术语》规定的自动扶梯和自动人行道定义：自动扶梯（Escalator），带有循环运行梯级，用于向上或向下倾斜输送乘客的固定电力驱动设备。自动人行道（Passenger Conveyor），带有循环运行（板式或带式）走道，用于水平或倾斜角不大于12°的输送乘客的固定电力驱动设备。自动扶梯在客流量大而集中的场所，如车站、码头、商场等处，得以广泛应用，其结构如图5-1所示。

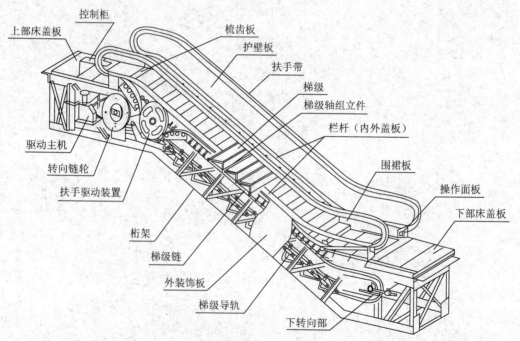

图 5-1 自动扶梯的结构图

2. 分类

扶梯分类方法很多，可从不同角度来分，具体如下。

1）按驱动方式分类有链条式（端部驱动）和齿轮齿条式（中间驱动）两类。

2）按使用条件分类有普通型（每周少于 140h 运行时间）和公共交通型（每周大于 140h 运行时间）。

3）按提升高度分类有最大至 8m 的小提升高度扶梯和最大至 25m 的中提升高度扶梯，以及最大可达 65m 的大提升高度扶梯 3 类。

4）按运行速度分类有恒速和可调速两类。

5）按梯级运行轨迹分类有直线型（传统型）、螺旋型、跑道型和回转螺旋型 4 类。

5.1.2 自动扶梯的参数及基本名词

1. 主要参数

1）额定速度：梯级在空载情况下的运行速度（m/s），一般为 0.5m/s、0.65m/s 及 0.75m/s。

2）倾角（α）：梯级运行时与水平面构成的最大角度，通常为 30°或 35°。

3）提升高度（H）：扶梯的上基点与下基点的垂直高度差（m）。

4）梯级宽度（B）：梯级名义宽度（mm）。

5）梯级水平段（L）：扶梯进口处水平运行的距离（mm）。当 $v=0.50$m/s 时，$L \geqslant 800$mm；当 $v \leqslant 0.65$m/s 时，$L \geqslant 1200$mm；当 $v \leqslant 0.75$m/s 时，$L \geqslant 1600$mm。

2. 基本名词

（1）倾斜角

倾斜角指梯级、踏板或胶带运行方向与水平面构成的最大角度。

（2）提升高度

提升高度指自动扶梯或自动人行道进出口两楼层板之间的垂直距离。

（3）额定速度

额定速度指自动扶梯或自动人行道设计所规定的速度。

（4）理论输送能力

理论输送能力指自动扶梯或自动人行道在每小时内理论上能够输送的人数。

（5）名义宽度

名义宽度是对于自动扶梯与自动人行道设定的一个理论上的宽度值，一般指自动扶梯梯级或自动人行道踏板安装后横向测量的踏面长度。

（6）变速运行

变速运行指自动扶梯或自动人行道在无乘客时以预设的低速度运行，在有乘客时，自动加速到额定速度运行的方式。

(7)自动起动

自动起动指自动扶梯或自动人行道在无乘客时停止运行,在有乘客时,自动起动运行的方式。

(8)扶手装置

扶手装置指在自动扶梯或自动人行道两侧,对乘客起到安全防护作用,也便于乘客站立扶握的部件。

(9)扶手带

扶手带指位于扶手装置的顶面,与梯级、踏板或胶带同步运行,供乘客扶握的带状部件。

(10)扶手带入口保护装置

扶手带入口保护装置指在扶手带入口处,当有手指或其他异物被夹入时,能使自动扶梯或自动人行道停止运行的电气装置。

(11)护壁板

护壁板又名护壁栏,指在扶手带下方,装在内侧盖板与外侧盖板之间的装饰护板。

(12)围裙板

围裙板指与梯级、踏板或胶带两侧相邻的金属围板。

(13)内侧盖板

内侧盖板指在护壁板内侧、连接围裙板和护壁板的金属板。

(14)外侧盖板

外侧盖板指在护壁板外侧、外装饰板上方,连接装饰板和护壁板的金属板。

(15)外装饰板

外装饰板指从外侧盖板起,将自动扶梯或自动人行道桁架封闭起来的装饰板。

(16)桁架

桁架又名机架,指架设在建筑结构上,共支撑梯级、踏板、胶带及运行机构等部件的金属结构件。

(17)中心支撑

中心支撑又名中间支撑、第三支撑,指在自动扶梯两端支撑之间,设置在桁架底部的支撑物。

(18)梯级

梯级指在自动扶梯桁架上循环运行,供乘客站立的部件。

1)梯级踏板指带有与运行方向相同齿槽的梯级水平部分。

2)梯级踢板指带有齿槽的梯级上竖立的弧形部分。

(19)梯级导轨

梯级导轨指供梯级滚轮运行的导轨。

(20)梯级水平移动距离

梯级水平移动距离指为使梯级在出入口处有一个导向过渡段,从梳齿板出来的梯级前缘和进入梳齿板梯级后缘的一段水平距离。

（21）踏板

踏板指循环运行在自动人行道桁架上，供乘客站立的板状部件。

（22）胶带

胶带指循环运行在自动人行道桁架上，供乘客站立的胶带状部件。

（23）梳齿板

梳齿板位于运行梯级或踏板出入口，为方便乘客上下过渡，与梯级或踏板相啮合的部件。

（24）楼层板

楼层板设置在自动扶梯或自动人行道出入口，与梳齿板连接的金属板。

（25）驱动主机

驱动主机又名驱动装置，指驱动自动扶梯或自动人行道的装置。

（26）梳齿板安全装置

梳齿板安全装置指当梯级、踏板或胶带与梳齿板啮合处卡入异物时，能使自动扶梯或自动人行道停止运行的电气装置。

（27）驱动链保护装置

驱动链保护装置指当梯级驱动链或踏板驱动链断裂或过分松弛时，能使自动扶梯或自动人行道停止运行的电气装置。

（28）附加制动器

附加制动器指当自动扶梯提升高度超过一定值时，或在公共交通用自动扶梯和自动人行道上，增设的一种制动器。

（29）主驱动链保护装置

主驱动链保护装置指当主驱动链断裂时，能使自动扶梯或自动人行道停止运行的电气装置。

（30）超速保护装置

超速保护装置指自动扶梯或自动人行道运行速度超过限定值时，能使自动扶梯或自动人行道停止运行的电气装置。

（31）非操纵逆转保护装置

非操纵逆转保护装置指在自动扶梯或自动人行道运行中非人为的改变其运行方向时，能使其停止运行的装置。

（32）手动盘车装置

手动盘车装置又名盘车手轮，指靠人力使驱动装置转动的专用手轮。

（33）检修控制装置

检修控制装置指利用检修插座，在检修自动扶梯或自动人行道时的手动控制装置。

（34）围裙板安全装置

围裙板安全装置指当梯级、踏板或胶带与围裙板之间有异物夹住时，能使自动扶梯或自动人行道停止运行的电气装置。

（35）扶手带断带保护装置

扶手带断带保护装置指当扶手带断裂时，能使自动扶梯或自动人行道停止运行的电气装置。

（36）梯级、踏板塌陷保护装置

梯级、踏板塌陷保护装置指当梯级或踏板任何部位断裂下陷时，使自动扶梯或自动人行道停止运行的电气装置。

5.2 自动扶梯故障的诊断与检修

5.2.1 自动扶梯机械故障类型

自动扶梯故障类型如下。
1）梯级故障。
2）曳引链的故障。
3）驱动装置的故障。
4）梯路故障。
5）梳齿前沿板故障。
6）扶手装置故障。
7）安全保护装置故障。

5.2.2 自动扶梯机械故障的形成原因及简单排除方法

1. 梯级故障

梯级是乘客乘梯的站立之地，也是一个连续运行的部件。梯级故障是由于环境条件、人为因素、机件本身等原因造成的，主要故障包括踏板齿折断、支架主轴孔处断裂、支架盖断裂、主轮脱胶。梯级故障的排除方法有更换踏板、更换支架、更换支架盖、更换主轮、更换整个梯级。

在实施自动扶梯检测过程中，由于各种原因，检验人员往往忽视一些细节。其实，每一个细节，都是检验工作的重要部分，事关检验工作质量。把握不好细节，稍有不慎，就会影响检验项目的完整性、正确性。

2. 曳引链的故障

曳引链是自动扶梯最大的受力部件，由于长期运行，磨损也相应较严重，主要故障包括润滑系统故障、曳引链严重磨损、曳引链严重伸长。曳引链故障排除方法有更换曳引链、调整曳引链的张紧装置、清除曳引链的灰尘。

3. 驱动装置的故障

驱动装置的故障主要包括驱动装置的异常响声，驱动装置的温升过快、过高。驱动装置故障排除方法如下。

1）检查电动机两端轴承。例如，减速机轴承、蜗杆蜗轮磨损，带式制动器制动电动机损坏，单片失电、制动器的线圈和摩擦片间距调整不适合，驱动链条过松上下振动严重或跳出。

2）电动机轴承损坏、电动机烧坏、减速器油量不足，油品错误、制动器的摩擦副间隙调整不当、摩擦副烧坏、线圈内部短路烧坏。

3）以上两条中的配件应修复，不能修复的配件应更换。

4. 梯路故障

梯路故障主要包括梯级跑偏、梯级在运行时碰擦裙板。其原因是多方面的，主要如下。

1）梯级在梯路上运行不水平、分支各个区段不水平。
2）主辅轨、反轨、主辅轨支架安装不水平等。
3）相邻两梯级间的间隙在梯级运行过程中应保持恒定。
4）两导轨在水平方向平行不一致。

5. 梳齿前沿板故障

梳齿板前沿板故障分析：扶梯运行时，梯级周而复始地从梳齿间出来进去，每小时载客8000~9000人/次，梳齿的工作状况可想而知，梳齿杆易损坏；前沿板表面有乘客鞋底带的泥沙；梳齿板齿断裂造成乘客鞋底带进的异物卡住；梳齿的齿与梯级的齿槽相啮合不好，当有异物卡入时产生变形、断裂。

梳齿前沿板故障排除方法如下。
1）扶梯出入口应保持清洁，前沿板表面清洁无泥沙。
2）梳齿板及扶梯出入口保证梳齿的啮合深入。
3）调整梳齿板、前沿板、梳齿与梯级的齿堵啮合尺寸。
4）调整前沿板与梯级踏板上表面的高度。
5）调整梳齿板水平倾角和啮合深度。
6）要求一块梳齿板上有3根齿或相邻2齿损坏，必须立即予以更换。

6. 扶手装置故障

扶手装置故障常发生在扶手驱动部，由于位置的限制，结构设计有一定的困难，易发生轴承、链条、驱动带损坏。用户单位在例行检查时，应适度调节驱动链的松紧程度：

直线压带式的压簧不宜过紧，圆弧压带式的压簧边不宜过紧；各部轴承处按要求添加润滑脂。

扶手带长期运行，会发生伸长，通过安装在扶梯下端的调节机构把过长部分吸收掉。扶手带进运行时，圆弧端处有时发出"沙沙"声，这是因为，圆弧端的扶手支架内有一组轴承，此异常声往往是轴承损坏，应及时更换。常用故障排除方法有适度调整驱动链松紧度、调整压带簧松紧度、轴承链条驱动带损坏及时更换或修理。

7. 安全保护装置故障

安全保护装置故障主要如下。
1) 曳引链过分伸长或断裂故障。
2) 梳齿异物保护装置故障。
3) 扶手带进入口安全保护装置故障。
4) 梯级下沉保护装置故障。
5) 驱动链断链保护装置故障。
6) 扶手带断带保护装置故障。

5.2.3 自动扶梯电气故障类型

自动扶梯电气故障类型如下。
1) 过电压、过电流。
2) 欠电压。
3) 超速或欠速。
4) 电源断相、错相。
5) 系统故障（电气元器件失效或误操作导致程序失灵）。
6) 电气部件散热异常。
7) 通信干扰。

5.2.4 自动扶梯电气故障的形成原因及简单排除方法

1. 接通电源后定向起动，自动扶梯未起动运行

1) 钥匙开关触点接触不良，清洗并调整触点。
2) 电压不足，检查供电电压。
3) 扶手带入口保护装置安全触点调整不当，保护装置的安全触点杠杆动作，检查并调整扶手带入口使其灵活可靠。
4) 梯级与梳齿之间卡有异物，检查梯级进入梳齿是否卡有异物，若有异物应及时清除。
5) 控制柜内接触器、继电器等接触不良、短路或断路，检查元器件，必要时修理

或更换，检查接线是否可靠。

2. 围裙板保护开关动作

1）梯级与围裙板之间有异物夹入，排除异物，并使围裙板及安全开关复位。
2）围裙板受碰撞，找出并排除围裙板受碰撞的原因，并使安全开关复位。
3）梯级或踏板因跑偏而挤压围裙板，排除梯级或踏板跑偏的故障。

3. 超速或欠速

1）有梯级或踏板损坏，更换损坏的梯级或踏板。
2）速度传感器偏位、损坏或感应面有污垢。重新调整传感器的位置，更换损坏的传感器，清洁感应面。

4. 相位监控装置动作

与电网相连的相序接错，重新连接三相动力线。

5. 过电流

由于突加重载、电动机电缆短路、电动机选型不合适等原因可能产生运行电流过大的问题，因此必须首先检查串联在电动机供电电路中的热继电器是否正常工作，再检查负载载重是否合适，以及电缆状况和电动机规格，并排除相应故障。

6. 过电压

自动扶梯减速时间过短、设备受到很高的过电压峰值影响可能导致过电压的问题，因此必须进一步调整自动扶梯的运行速度，同时保证外部电网的稳定。

7. 接地故障

电动机或电缆绝缘失效可能导致电动机箱电流之和不为零，并引发接地故障。因此必须检查电动机、电缆，并排除相应故障。

8. 系统故障

元器件失效和人员的误操作会导致自动扶梯程序运行紊乱。因此可采取故障复位，重新起动措施排除故障。

9. 电动机过热

电动机过热的原因可能是电动机过载。因此必须减少电动机负载。

5.2.5　自动扶梯故障的诊断与检修

故障 1　自动扶梯在运行过程中突然停止运行，再用钥匙开关开启，扶梯不运行。

故障分析：

1) 配电室或扶梯控制箱内的断路器跳闸。

2) 控制电路熔断器熔断。

3) 安全回路触电开关接触不良或断开。

故障排除：

1) 查找或分析跳闸原因，重新合上断路器。

2) 查找原因，更换熔断器。

3) 根据若是开关触点接触不良，更换触点或开关；若是开关触点断开，先排除机械故障，再合上触点；若 LED 故障，则在显示屏查出故障位置。

故障 2　梯级链条开关动作。

故障分析：梯级链条伸长。

故障排除：调整梯级链条弹簧，调整开关位置。

故障 3　扶手入口保护开关动作。

故障分析：

1) 扶手带跑偏。

2) 扶手带上有异物。

3) 扶手带人为动作，梯级链条伸长。

故障排除：

1) 调整扶手带。

2) 去除异物。

3) 对乘客进行安全教育。

故障 4　梳齿开关动作。

故障分析：

1) 梯级上有异物。

2) 梯级严重跑偏。

故障排除：

1) 去除梯级与梳齿板间的异物。

2) 调整梯级，使之正常运行。

第5章 自动扶梯

故障5 裙板开关动作。

故障分析：

1）梯级与裙板间有异物。

2）梯级跑偏。

3）触点开关安装间隙太小产生误动作。

故障排除：

1）去除异物。

2）调整梯级。

3）调整裙板开关间隙。

故障6 梯级下陷开关动作。

故障分析：

1）梯级断裂。

2）梯级主轮或副轮损坏。

故障排除：更换梯级或梯级主轮或副轮。

表5-1为常见故障的现象、主要原因及排除方法，当遇到类似故障时可作为分析、检查的参考。因故障的原因是千变万化的，只有努力掌握自动扶梯的结构原理和必要的基本维修技能，才能迅速准确地排除故障。

表5-1 自动扶梯常见故障及排除方法一览表

故障现象	主要原因	排除方法
梯级与梳齿板之间发生摩擦	（1）梯级防偏轮严重磨损或松动； （2）梯路防偏条松动	（1）更换防偏轮和紧固螺栓； （2）重新调整、紧固
扶手带不运行	（1）扶手带脱离导轨； （2）扶手带驱动轴断裂； （3）扶手驱动链轮平键断裂	（1）重新安装扶手带； （2）更换扶手驱动轴； （3）更换平键
扶手带跑偏	（1）摩擦轮与转向滚轮群组和张紧滚轮群组不在同一垂直平面内； （2）护壁板不垂直； （3）扶手带严重变形	（1）调整转向滚轮群组及张紧滚轮群组； （2）调整护壁板安装； （3）更换扶手带
扶手带窜动或不费力气地被抓停	（1）扶手带张紧不足； （2）压轮松弛	（1）重新张紧扶手带； （2）调整压轮张力
扶梯运行时，驱动端发生振动和响声	（1）切线导轨固定螺钉松动； （2）梯级链内链板与链轮齿的导向面产生摩擦	（1）重新调整切线导轨位置，并拧紧固定螺钉； （2）调节驱动主轴横向位置
扶梯运行时，张紧端产生振动和噪声	梯级链张紧后，其活动部位的导轨面不平整	修锉导轨面
梯级与围裙板之间摩擦	（1）梯级跑偏； （2）梯级在轴上没有紧固； （3）梯级导向块磨损过大	（1）重新调整梯级运行； （2）紧固梯级轴套环； （3）更换导向块

思 考 题

1. 什么是自动扶梯？
2. 自动扶梯如何分类？
3. 自动扶梯故障有哪些类型？
4. 自动扶梯故障的诊断方法有哪些？
5. 简述自动扶梯的故障部位及故障排除方法。

附录　变频变压电梯电气元器件代号明细表

序号	代号	名称	型号及规格	置放处所	备注
1	KMJ	开门继电器	MY4　DC24V	控制柜	
2	GMJ	关门继电器	MY4　DC24V	控制柜	
3	DYJ	电压继电器	MY4　DC24V	控制柜	
4	MSJ	门联锁继电器	MY4　DC24V	控制柜	
5	FU1～FU5	熔断器	RT14-20 8A	控制柜	
6	QC	主接触器	LC1-D06 AC220V	控制柜	
7	YC	电源接触器	LC1-D06 AC220V	控制柜	
8	RJ	热过载继电器	0.63～1.00A	控制柜	
9	XJ	相序保护继电器	XJ3，AC380V	控制柜	
10	U-RF	整流桥堆	DC110V	控制柜	
11	GMR	开、关门分路电阻	50W/50Ω	控制柜	
12	WDT	变压器	AC220V/AC110V	控制柜	
13	S-100-24	开关电源	DC24V 4.5A	控制柜	
14	SJU	急停开关	C11	控制柜	
15	HK	A/D 转换开关	D11A	控制柜	
16	MK	检修开关	D11A	控制柜	
17	TU	慢上按钮	E11	控制柜	
18	TD	慢下按钮	E11	控制柜	
19	RF1	漏电保护器	4P/10A	控制柜	
20	BPQ	变频器	0.75kW	控制柜	
21	PLC	可编程序控制器	继电器	控制柜	
22	K1～K48	故障点	KN61-2	控制柜	
23	JT	端子排	JT18	控制柜	
24	1AS～4AS	轿厢选层指令按钮		轿内	4层
25	1R～4R	选层指示灯	DC24V	轿内	
26	AK、AG	开、关门按钮		轿内	
27	CHD	超载蜂鸣器	DC24V	轿内	
28	KSD、KXD	上、下行指令灯	DC24V	轿内	
29	SMJ	检修开关		轿内	
30	KAB	安全触板开关		轿厢	
31	AQK	安全钳开关		轿厢	
32	EDP	门感应器	DC24V	轿厢	
33	PU	门驱双稳态开关		轿厢	

续表

序号	代号	名称	型号及规格	置放处所	备注
34	FS	轿厢风扇	DC24V	轿厢	
35	CZK	超载开关		轿底	
36	DZ1	轿厢照明灯	DC24V	轿厢	
37	M	门电动机	DC24V	自动门机	
38	PKM	开门到位开关		自动门机	
39	PGM	关门到位开关		自动门机	
40	SG	关门减速开关		自动门机	
41	3M	交流双速电动机		机房	
42	DZ	抱闸线圈	DC110V	机房	
43	BMQ	编码器	DC12~24V	机房	
44	SJK、XJK	上、下极限位开关	YG-1	井道	
45	GU、GD	上、下强返减速	YG-1	井道	
46	SW、XW	上、下限位开关	YG-1	井道	
47	1PG	减速永磁感应器		井道	
48	SDS	底坑断绳开关		井道	
49	1G~3G	上行召唤记忆灯	DC24V	井道	
50	1SA~3SA	上行召唤按钮		井道	
51	2C~4C	下行召唤记忆灯	DC24V	井道	
52	2XA~4XA	下行召唤按钮		井道	
53	ST1~ST4	厅门联锁触点		井道	
54	PKS	锁梯		井道	

参 考 文 献

陈登峰. 2013. 电梯控制技术[M]. 北京：机械工业出版社.
刘连昆，冯国庆，樊运华，等. 2004. 电梯安全技术：结构·标准·故障排除·事故分析[M]. 北京：机械工业出版社.
孙余凯，项绮明，徐绍贤. 2008. 新型电梯故障检修技巧与实例[M]. 北京：电子工业出版社.
魏山虎. 2013. 电梯故障诊断与维修[M]. 苏州：苏州大学出版社.
杨江河，金少红. 2006. 三菱电梯维修与故障排除[M]. 北京：机械工业出版社.
杨江河，邹先容. 2007. 奥的斯电梯维修与故障排除[M]. 北京：机械工业出版社.
姚融融，周小蓉，陆铭，等. 2006. 电梯原理及逻辑排故[M]. 西安：西安电子科技大学出版社.